跨境电子商务实训系列

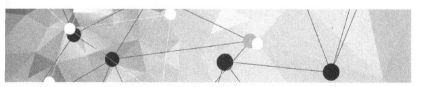

Wangye Sheji yu Zhizuo
Shiyan Jiaocheng

网页设计与制作
实验教程

许德武　/ 主编

ZHEJIANG UNIVERSITY PRESS
浙江大学出版社

图书在版编目(CIP)数据

网页设计与制作实验教程/许德武主编.—杭州：
浙江大学出版社，2016.5（2025.1 重印）
ISBN 978-7-308-14999-0

Ⅰ.①网… Ⅱ.①许… Ⅲ.①网页制作工具—教材
Ⅳ.①TP393.092

中国版本图书馆 CIP 数据核字（2015）第 190508 号

网页设计与制作实验教程

许德武　主编

丛书策划	朱　玲	
丛书主持	曾　熙	
责任编辑	葛　娟	
责任校对	王元新	
封面设计	春天书装	
出版发行	浙江大学出版社	
	（杭州市天目山路 148 号　邮政编码 310007）	
	（网址：http://www.zjupress.com）	
排　　版	杭州林智广告有限公司	
印　　刷	广东虎彩云印刷有限公司绍兴分公司	
开　　本	787mm×1092mm　1/16	
印　　张	8.75	
字　　数	143 千	
版 印 次	2016 年 5 月第 1 版　2025 年 1 月第 3 次印刷	
书　　号	ISBN 978-7-308-14999-0	
定　　价	25.00 元	

总　序

　　跨境电子商务是围绕国家"一带一路""中国制造"等战略的贸易产业新模式，是中国商品实现全球市场"贸易通"的重要路径，是"互联网＋"助力传统贸易转型的具体形式，国务院总理李克强多次强调要大力发展跨境电子商务。当今经济社会，跨境电子商务人才奇缺，优秀的跨境电子商务人才可以说是一将难求。然而，高校在跨境电子商务人才培养方面存在的一个重要问题是缺乏系统性的跨境电子商务系列实训教材，导致高校跨境电子商务实践教学无法满足经济社会的需求。

　　浙江师范大学文科综合实验教学中心是国家级实验教学示范中心，紧跟国家经济发展战略的重点领域，对接以义乌为中心的浙中区域经济发展特色，在全国领先将跨境电子商务虚拟仿真实验教学作为学校实验教学的重点新兴发展领域，成立了跨境电子商务虚拟仿真实验教学分中心。中心与义乌的中国小商品城集团股份有限公司、阿里巴巴全球速卖通、浙江金义邮政电子商务示范园、金华跨境通等企业开展深度校企合作。中心组织师资团队对跨境电子商务行业领域开展了广泛的调研，明确了跨境电子商务人才所需具备的基本技能与专业技能，并针对这些技能开发跨境电子商务实训系列教材，从而为提高高校跨境电子商务人才培养的教学，尤其是实验教学起到促进作用。

　　跨境电子商务实训系列教程既可以作为高校电子商务、国际贸易、市场营销等专业的相关实践类课程或理论与实践相结合课程教学的参考教材，也可以作为

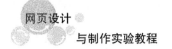

跨境电子商务从业人员培训或自学的参考教材。计划出版的跨境电子商务实训系列教程全套共15本,第一期已完成出版的实验教程有7本,分别为:《跨境电子商务平台选择与运营仿真实验教程》(段文奇主编)、《跨境电子商务支付与结算实验教程》(冯潮前主编)、《国际贸易实务仿真模拟实验教程》(徐燕主编)、《物流与供应链虚拟仿真实验》(曹清玮主编)、《电子商务基础实验教程》(黄海滨主编)、《网页设计与制作实验教程》(许德武主编)、《数据库技术与应用实验教程》(张俊岭主编)。第二期将继续推进出版的实验教程有8本,分别为:《跨境电子商务运营数据分析与优化实验教程》《跨境网络营销与推广仿真实验教程》《B2C跨境电子商务运营决策与流程仿真实验教程》《B2B跨境电子商务国际物流仿真实验教程》《义乌购出口跨境电子商务运营实操教程》《进口跨境电子商务运营实操教程》《程序设计实验教程》《移动电子商务开发实验教程》。

跨境电子商务实训系列教程的出版是浙江师范大学跨境电子商务虚拟仿真实验教学中心师资团队集体智慧的结晶,本人作为这套系列教程体系的设计者和组织者,对大家的辛勤付出深表敬意。教材出版过程中还得到了浙江师范大学实验室管理处林建军处长、潘蕾副处长,浙江师范大学经济与管理学院郑文哲教授、包中文主任,浙江大学出版社金更达编审、朱玲编辑等出版社工作人员等的大力支持,在此一并感谢。

跨境电子商务虚拟仿真实验教学中心主任　孙洁

2015年7月6日

目录

第1章　网页制作环境搭建

一、本章知识点

制作网页的专业工具功能越来越完善，操作越来越简单，处理图像、制作动画、发布网站的专业软件应用也非常广泛。常用的制作工具有如下三种。

1. 制作网页的专门工具：Dreamweaver

Dreamweaver 是由 Macromedia 公司推出的一款在网页制作方面大众化的软件，它具有可视化编辑界面，用户不必编写复杂的 HTML 源代码就可以生成跨平台、跨浏览器的网页。Dreamweaver 支持网页动态效果与网页排版功能，Dreamweaver 支持动态 HTML，设计复杂的交互式网页，产生动态效果。

2. 图像处理工具：Photoshop

Photoshop 是由 Adobe 公司开发的图形处理软件，它是目前公认的 PC 机上最好的通用平面美术设计软件。它功能完善、性能稳定、使用方便，在大多数的广告、出版、软件公司，Photoshop 都是首选的平面制作工具。

3. 动画制作工具：Flash

Flash 是美国 Macromedia 公司开发的矢量图形编辑和动画创作的专业软件，它是一种交互式动画设计工具。用它可以将音乐、声效、动画以及富有新意的界面融合在一起，以制作出高品质的网页动态效果。它主要应用于网页设计和多媒体创作等领域，功能十分强大和独特，已成为交互式矢量动画的标准，在网上非常流行。

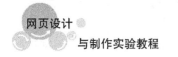
Flash 广泛应用于网页动画制作、教学动画演示、网上购物、在线游戏等的制作。

二、【实验目的】

1. 掌握如何下载、安装 Dreamweaver CS6、Flash、Photoshop 软件包。

2. 熟悉 Adobe Dreamweaver CS6、Adobe Photoshop、Adobe Flash 三大软件的工作环境和运行机制。

三、【实验内容】

（一）Adobe Dreamweaver CS6 安装方法

1. 首先到官网下载软件，或者购买光盘进行安装，本书采用在网站上下载的方法。

2. 点击"下载"后，选择你想保存的目录，点击保存后等待安装完成，如图 1－1 所示。

图 1－1　下载图

3. 下载后解压文件包并打开，选择安装位置。

4. 进入文件解压安装界面，等待完成。解压完成后会自动进入安装界面，有时会弹出一个报告，这个可以直接忽略，如果你不放心可以重启电脑再次安装就可以，如图 1－2 所示。

图1-2 安装过程

5. 来到安装界面，有两个选项，选择"安装"，如图1-3所示。

图1-3 选择安装模式

6. 点击"接受"，不接受则无法进行安装。接受后，弹出序列号输入框，如图1-4所示。

图 1 - 4 软件安装协议

7. 输入序列号后,点击"下一步",出现联网验证页面,选择"稍后连接"。

8. 选择目录进行安装,如图 1-5 所示。

图 1 - 5 安装目录

9．进入最后安装界面，等待完成，如图 1-6 所示。

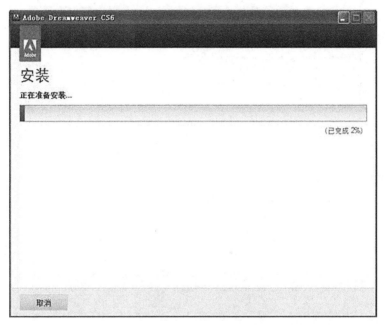

图 1-6　安装过程

10．安装完毕后，在桌面上运行 Dreamweaver CS6，就可以编辑网页文件了。

（二）Adobe Photoshop CS6 的安装过程详解

1．打开 IE 浏览器，到官网下载软件，或者购买光盘进行安装，本书采用在网站上下载的方法。

2．找到网站点击"下载"后，选择你想保存的目录，点击"保存"后等待安装完成。

3．打开桌面压缩包，如图 1-7 所示。

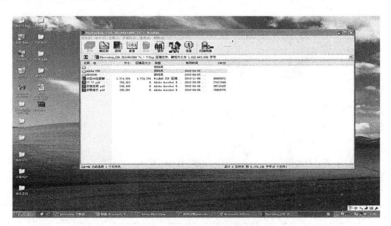

图 1-7　打开压缩包

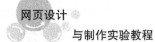

4. 安装 Photoshop 应用程序,如图 1-8 所示。

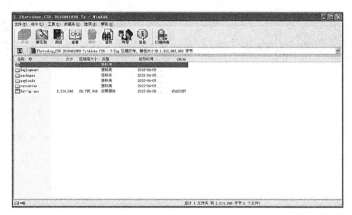

图 1-8　压缩包内容

5. 点击"安装"即可,如图 1-9 所示。

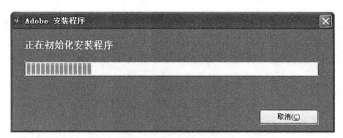

图 1-9　安装过程

6. 点击"试用",如图 1-10 所示。

图 1-10　选择安装模式

7. 出现下图界面,点击"接受",如图 1-11 所示。

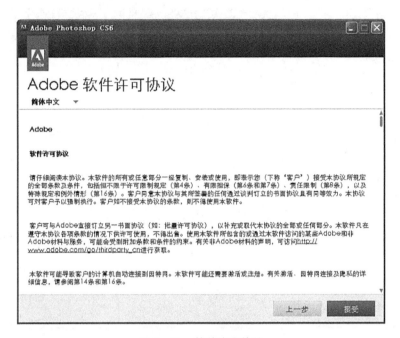

图 1-11　软件许可协议

8. 点击"安装",如图 1-12 至图 1-14 所示。

图 1-12　安装位置

图 1 - 13　安装过程

图 1 - 14　安装完成

9. 到此为止,Adobe Photoshop CS6 试用版安装完毕,如果需要安装正版软件,请购买序列号。

(三)Adobe Flash CS6 安装过程

1. 右键单击"我的电脑",选择"属性",在"系统属性"窗口中查看"常规"选项卡中的"系统",如果电脑是 64 位,则会明确标明"X64",如果没有就是 32 位的。操作系统是 Windows XP 的属性,如图 1-15 所示。

图 1-15 系统属性窗口

2. 在网站上下载 Adobe Flash CS6 官方简体中文版安装压缩包。

3. 双击安装包,开始安装文件,选择试用版安装。

4. 按照 Adobe Flash CS6 安装步骤进行安装,可选择安装的位置以及所要安装的程序。

5. 等待安装完成,如图 1-16 所示。

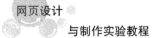
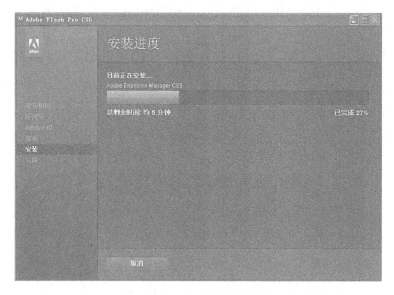

图 1 - 16　安装过程

6. 安装完成后点击关闭,启动软件就可以正常使用了,如图 1 - 17 所示。

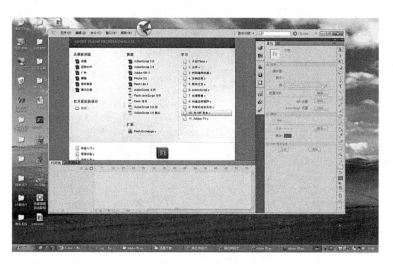

图 1 - 17　启动界面

第2章　CSS样式表

一、本章知识点

1. CSS 含义

CSS(Cascading Style Sheet)可译为"层叠样式表"或"级联样式表",它定义如何显示 HTML 元素,用于控制网页的外观。

2. CSS 的优点

(1) 内容和表现相分离。HTML 文件中只存放文本信息,将样式部分放在一个独立样式文件中。这样的页面对搜索引擎更加友好。

(2) 提高页面浏览速度。采用 CSS 布局的页面容量要比 TABLE 布局的页面文件容量小得多,前者一般只有后者的 1/2 大小。

(3) 易于维护和改版。只要简单地修改对应 CSS 文件,就可以重新设计整个网站的页面。

(4) 使用 CSS 布局更符合现在的 W3C 标准。W3C 组织是对网络标准制定的一个非营利组织,像 HTML、CSS、XML 的标准就是由它来制定。

3. CSS 样式表的调用方式

(1) 内部样式：把 CSS 样式表放到<head>文档中。

格式如下：

```
<style type="text/css">……</style>
```

（2）内联式：把 CSS 样式表写在 HTML 对应的标记内。

格式如下：

```
<p style="font-size:14pt;color:blue">蓝色 14 号文字</p>
```

（3）外部样式：把编辑好的 CSS 文档保存成".CSS"文件,然后在<head>中定义。

格式如下：

```
<head> <link rel=stylesheet href="css 的文件地址"> …… </head>
```

4．调用方式的优先级

调用方式的优先级是从高到低：内联样式——————————外部样式————————内部样式

5．CSS 的语法

CSS 的定义由三部分构成,即选择器、属性和属性值。

语法：

selector{property:value;}——————————————————选择符{属性：值}

举例：

```
body{color:#006666;font-size:18px;}
```

属性和属性值之间是冒号,多个属性值之间用分号隔开。

6．CSS 选择器的分类

（1）类选择器

定义：类选择器根据类名来选择,前面以"."来命名,如

```
.demo{color:#FF0000;}
```

使用方法：在 HTML 中,标记可以定义一个 class 的属性来调用。如

```
<pclass="demo">....</p>。
```

（2）ID 选择器

定义：根据元素 ID 来选择元素,具有唯一性。前面以"#"号来标志,如

```
#demo{color:#FF0000;}
```

使用方法：在 HTML 中,标记可以定义一个 ID 的属性来调用。如

```
<p id="demo">....</p>。
```

（3）标签选择器

定义：HTML 页面由很多不同的标签组成，标签选择器则决定对应标签采用相应的 CSS 样式。

使用方法：p{font-size：12px；background：#900；color：#090；}，页面里对应的"p"标记全部应用此样式。

（4）伪类选择器（针对超链接）

一般伪类都只会被应用在链接的样式上，格式如下：

a：link{color：#000099；}——————————————带有超链接的文字显示的样式。

a：visited{color：#000099；}——————————访问过的超链接显示的样式。

a：hover{color：#000099；}——————————鼠标放在超链接上显示的样式。

a：active{color：#000099；}——————————鼠标按下去时超链接显示样式。

a{color：#000099；}——————————标签选择器链接的颜色。

（5）后代选择器（派生选择器）

通过依据元素在其位置的上下文关系来定义样式，可以使标记更加简洁。

#demo p {color：#ff0000；size：14px；}

（6）通用选择器

通用选择器用 * 来表示。例如：*{font—size：12px；}表示所有的元素的字体大小都是 12px。

（7）并集选择器（群组选择器）

当几个元素样式属性一样时，可以共同调用一个声明，元素之间用逗号分隔。

例如：

p,td,li{line-height：20px；color：#ff0000；}

二、【实验目的】

1. 掌握 CSS 样式表的书写规则，了解选择器及其写法。

2. 掌握 CSS 样式表的 3 种方式，使用 CSS 样式表编辑页面。

三、【实验内容】

（一）网页效果

网页效果如图 2-1 所示。

图 2-1 网页效果

（二）制作步骤

1. 打开 Adobe Dreamweaver CS6 软件，新建 HTML 空白页"Untitled-1. html"，并保存在桌面上，如图 2-2 所示。

图 2-2 新建文档界面

2. 将右边代码栏＜title＞后面的汉字改为"各种 CSS 样式表的应用",或者在工具栏在的标题处写上"各种 CSS 样式表的应用",如图 2－3 所示。或者:＜title＞各种 CSS 样式表的应用＜/title＞

图 2－3　修改标题文本框

3. 利用"内联 CSS 样式"做出"灯塔"两个字的效果。

(1) 在新建的 HTML 空白页的右栏中＜body＞后面编写以下代码:

＜p style＝"font-size:32px;font-weight:400;color:#09C;font-family:'宋体';
text-align:center;"＞灯塔＜/p＞

(2) 保存页面后点击"在浏览器中预览"按钮 　　　　,会出现如图 2－4 所示的界面:

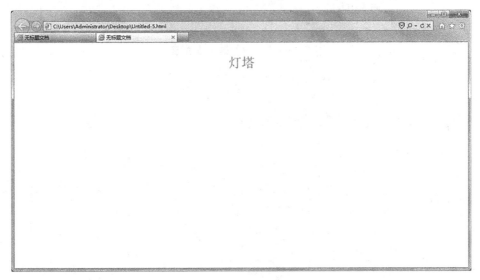

图 2－4　浏览效果

4. 利用"内部 CSS 样式"制作"作者:陈韦伶"文字的效果。

(1) 在＜body＞后面编写下面代码:

＜p class＝"m1"＞作者:陈韦伶＜br/＞＜/p＞

(2) 点击"新建 CSS 规则"按钮 　　　,新建一个 CSS 样式。其中"为 CSS 规则选择上下文选择器类型"选择"类","选择或输入选择器名称"选择".m1",点击"确定"按钮。如图 2－5 所示。

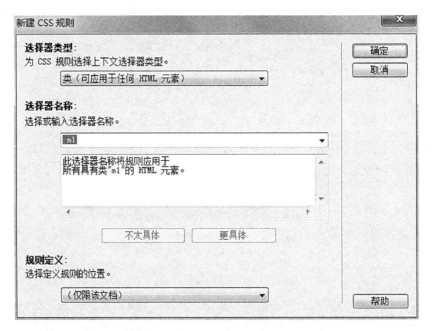

图 2－5　新建 CSS 规则界面

（3）跳出对话框，进行选择并点击"确定"。如图 2－6 所示。

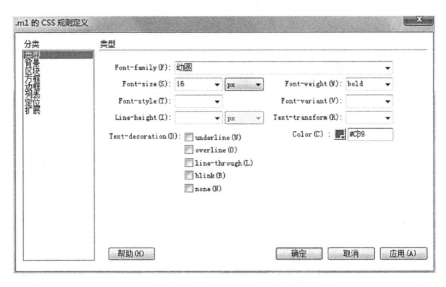

图 2－6　CSS 规则定义界面

（4）在右边栏的"＜title＞各种 CSS 样式表的应用＜/title＞"中出现以下代码，即为准确：

```
＜style type＝"text/css"＞
.m1 {
    font-family: "幼圆";
    font-size: 16px;
    font-weight: bold;
    color: #C39;
    text-align: center;
}
＜/style＞
```

（5）保存文件后点击"在浏览器中预览"按钮 ，会出现如图 2－7 所示的界面：

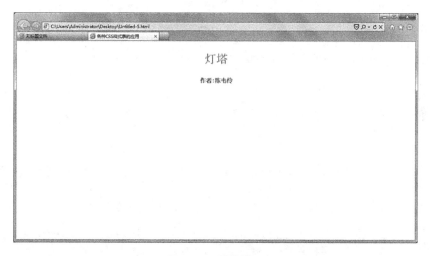

图 2－7　浏览界面

5．利用"链接外部 CSS 样式"对网页背景及"小的时候我们总是牵着手一起回家迎着夕阳踏着同样的步伐我还记得你想环游世界去闯荡天涯闪耀梦想的光亮"文字进行编辑。

（1）在"Untitled-1.html"文件右栏＜body＞下编写代码：

```
＜p class＝"m2"＞小的时候我们总是牵着手一起回家＜br/＞迎着夕阳踏着同样的步伐
```


我还记得你想环游世界去闯荡天涯
闪耀梦想的光亮
</p>

（2）新建 CSS 空白页"Untitled-2. css"并将文件保存在桌面上，如图 2-8 所示。

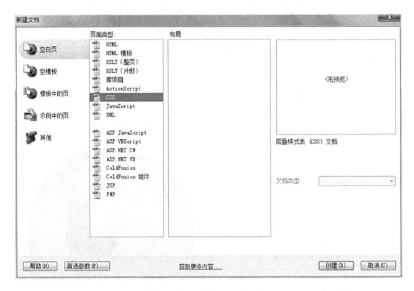

图 2-8　新建 CSS 窗口

（3）在新建的 CSS 文件空白处编写以下代码：

body{background-image: url(523cd32e48d5b9148f7ea49b.jpg);background-repeat: no-repeat;

background-position: center top;}

.m2{font-size: 18px;color: #F00;font-family: "楷体";font-weight: 600; text-align:

center;}

（4）保存文件，回到"Untitled-1. html"文件中，点击"附加样式表"按钮 ，

点击"链接""浏览"按钮，选择"Untitled-2. css"文件，点击"确定"。如图 2-9 所示。

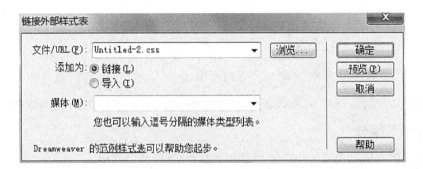

图 2-9　链接外部样式表窗口

（5）保存两份文件，点击"在浏览器中预览"按钮 ，会出现如图 2 - 10 所示的界面：

图 2 - 10　浏览窗口

6. 利用"导入外部 CSS 样式"对"后来也许经历迷惘经历失去的希望摔得痛了在茫茫人海彷徨就算没有谁明白我许下怎样的愿望至少有你在身旁"文字进行编辑。

（1）在右栏＜body＞下编写代码：

＜p class＝"m3"＞后来也许经历迷惘经历失去的希望＜br/＞摔得痛了在茫茫人海彷徨＜br/＞就算没有谁明白我许下怎样的愿望＜br/＞至少有你在身旁＜br/＞＜/p＞

（2）新建 CSS 空白页"Untitled-3. css"并将文件保存在桌面上。

（3）在新建的 CSS 空白页中编写代码：

. m3｛font-size：18px；color：♯06F；font-family："楷体"；font-weight：600；text-align：center；｝

（4）回到"Untitled-1. html"文件中，点击"附加样式表"按钮，选择"导入""浏览"，选择"Untitled-3. css"文件。

（5）保存两份文件，单击"在浏览器中预览"按钮预览效果。

7. 利用"导入外部 CSS 样式"方式对"你是生命之中最亮的灯塔温暖着我让我勇敢地飞翔这一路上总有难免不了的伤疤有瘀青才让生命更嘹亮"文字格式进行编辑。

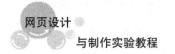
（1）在"Untitled-1.html"文件右栏＜body＞下编写代码：

＜p class＝"m4"＞你是生命之中最亮的灯塔＜br/＞温暖着我让我勇敢地飞翔＜br/＞这一路上总有难免不了的伤疤＜br/＞有瘀青才让生命更嘹亮＜br/＞＜/p＞

（2）点击"新建 CSS 规则"按钮，在"规则定义"选项中选择"新建样式文件"，点击"确定"。

（3）在跳出的对话框的"文件名"处写上"Untitled-4.css"，保存在桌面上。

（4）跳出对话框，进行选择并点击"确定"。保存文件，点击"在浏览器中预览"按钮。

（5）打开文件"untitled-4.css"，出现以下代码：

```
.m4 {
    font-family："楷体";
    font-size：18px;
    font-weight：600;
    color：#0F6;
    text-align：center;
}
```

将"Untitled-1.html"文件名改为"各种 CSS 样式的应用.html"。

第3章　CSS 文本内容排版

一、本章知识点

本章主要介绍 CSS 网页布局中文字排版的相关属性以及用法,包括:设定字体、颜色、大小、段落空白,首字下沉、首行缩进、中文字的截断、固定宽度词内折(word-wrap 和 word-break)等。

1. 设定文字字体、颜色、大小等,使用 font 等。

font-style 设定斜体,比如 font-style:italic;

font-weight 设定文字粗细,比如 font-weight:bold;

font-size 设定文字大小,比如 font-size:12px(或者 9pt,不同单位显示问题参考 CSS 手册);

line-height 设定行距,比如 line-height:150%;

color 设定文字颜色(注意不是 font-color),比如 color:red;

font-family 设定字体,比如 font-family:" Lucida Grande ",Verdana,Lucida,Arial,Helvetica,宋体。

2. 段落排版:使用 margin、padding 和 text-align。使用 text-align 属性控制文本文字和 img 标签的水平方向的对齐方式:属性值设为 left 表示左对齐(默认值)、属性值设为 center 表示居中对齐、属性值设为 right 表示右对齐、属性值设为 justify 表示两端对齐。

中文段落使用<p>标签(也可以是其他容器),左右(相当于缩进)、段前段后的空白,都可以用 margin 或 padding。

3. 竖排文字:使用 writing-mode。

writing-mode 属性有两个值 lr-tb 和 tb-rl,前者是默认的左—右、上—下,后者是上—下、右—左。比如:

```
p{writing-mode：tb-rl;}
```

4. 项目符号的问题:使用 list-style。

在 CSS 里项目符号有 disc(实心圆点)、circle(空心圆圈)、square(实心方块)、decimal(阿拉伯数字)、lower-roman(小写罗马数字)、upper-roman(大写罗马数字)、lower-alpha(小写英文字母)、upper-alpha(大写英文字母)、none(无)。比如设定一个列表(ul 或 ol)的项目符号为方块,如:

```
li{list-style：square;}
```

另外,list-style 还有一些值。比如可以采用一些小图片作为项目符号,在 list-style 下直接写 url(图片地址)就可以了。但不提倡这样的方式,建议您设置图片为 li 的背景。

5. 首字下沉效果。

伪对象:first-letter 配合 font-size、float 可以制作首字下沉效果。比如:

```
p：first-letter{padding：6px；
font-size：32pt；
float：left;}
```

二、【实验目的】

1. 掌握 CSS 网页布局中文字排版属性。
2. 掌握 CSS 网页布局中文字排版方法。

三、【实验内容】

(一) 布局分析

本网站页面使用的是上中下结构,中间部分为左右结构。上面是导航、展示图片,中间左边是公司介绍、产品和服务,右边是新闻,下部分是网站的一些基本信息,如图 3-1 所示。

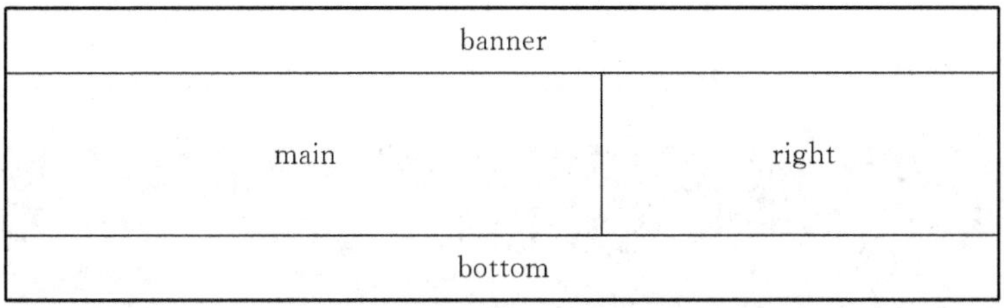

banner	
main	right
bottom	

图 3-1 布局分析

(二) 制作流程

我们在本案例的制作过程中,根据网站的布局分析,先制作出导航条,再插入展示图片,接着完成网站主体部分,从左往右依次完成产品、服务、新闻部分,最后添加网站基本信息,从而完成整个页面的制作。以下为我们对每个部分制作的具体过程。

1. 制作导航条 top

＜div id＝" top "＞

＜div id＝" top-right "＞

＜ul＞

＜li＞＜a href＝"＃"＞公司介绍＜/a＞＜/li＞

＜li＞＜a href＝"＃"＞产品介绍＜/a＞＜/li＞

＜li＞＜a href＝"＃"＞对外服务＜/a＞＜/li＞

＜li＞＜a href＝"＃"＞招贤纳士＜/a＞＜/li＞

＜li＞＜a href＝"＃"＞新闻中心＜/a＞＜/li＞

＜li＞＜a href＝"＃"＞联络我们＜/a＞＜/li＞

＜/ul＞

＜/div＞

＜/div＞

导航条如图 3-2 所示。

 公司介绍　产品介绍　对外服务　招贤纳士　新闻中心　联络我们

图 3-2 导航条

2. 插入展示图片

<div id="top-pic"><img src="images/003.GIF" width="770" height="195" /></div>

如图 3-3 所示。

图 3-3 界面截图

3. 制作主体部分的顶部

<div id="main-xian"><img src="images/004.GIF" width="1" height="14" /></div>

4. 制作主体部分 main-top

<div id="main">

<div id="main-top">

<div id="main-top-text">上海卡内基信息科技有限公司位于上海张江高新技术开发区,是一家隶属于上海扬子江建设集团的私有企业,公司由一群年轻有为的青年企业家和高科技精英主持和管理,他们拥有高层次的教育背景和丰富的工作经验,敏锐进取,勇于开拓……</div>

</div>

主体部分顶部如图 3-4 所示。

图 3-4 界面截图

5. 制作主体的左边部分 main-left

<div id="main-left">

<div id="main-left-top"><img src="images/006.GIF" width="249" height="25" />

</div>

```
<div id="main-left-1">
<div id="main-pic-1"><img src="images/008.GIF" width="55" height="58" /></div>
<span class="text-2">实验室信息管理系统</span><br />
自主开发的实验室信息管理系统将现代化的实验室信息……</div>
<div id="main-left-2">
<div id="main-pic-2"><img src="images/009.GIF" width="55" height="58" />
</div>
<span class="text-2">销售管理系统</span><br />
销售是企业运营中一个关键环节。卡内基TM销售管理系统……</div>
<div id="main-left-3">
<div id="main-pic-3"><img src="images/010.GIF" width="55" height="58" />
</div>
<span class="text-2">仓储物流管理系统</span><br />
第三方物流及仓储管理系统实施仓储外包业务。大型第三方……</div>
</div>
```

主体的左边部分如图3-5所示。

图3-5　界面截图

6. 制作主体的右边部分 main-right

```
<div id="main-right">
<div id="main-right-top"><img src="images/007.GIF" width="249" height="25" />
</div>
```

<div id="main-right-1">

<div id="main-pic-4"><img src="images/011.GIF" width="50" height="50" /></div>

<span class="text-2">信息技术系统外包</span>

软件开发的外包已经成为卡内基科技对外业务的一个重要组成部分。我们专业化、定制化的……</div>

<div id="main-right-2">

<div id="main-pic-5"><img src="images/012.GIF" width="50" height="50" /></div>

<span class="text-2">信息技术顾问咨询</span>

多年的开发经验使我们能够切实地理解用户的需要,我们愿意毫无保留地为您提供服务……</div>

</div>

主体的右边部分如图 3-6 所示。

图 3-6　界面截图

7. 制作网页右边部分 right

<div id="right">

<h1>2006 年 7 月 28 日</h1>

正式签订上海高桥石化-sk 溶剂生产公司实验室信息管理系统合同意向

<h1>2006 年 7 月 20 日</h1>

正式签订美国 MSA 公司 Pepsi Shelf Rx 项目开发合同

<h1>2006 年 7 月 10 日</h1>

美国 MSA 公司的 Shell Simultor 项目验收通过。＜br /＞

＜hl＞2006 年 7 月 7 日＜/hl＞

美国 MSA 公司创始人兼首席执行长官阿尔费雷德·金(Alfred Kuehn)博士访问我公司

＜hl＞2006 年 7 月 4 日＜/hl＞

正式签订了中国电子科技集团公司第五十八研究所实验室信息管理系统合同＜br /＞

＜img src=" images/014.gif " width=" 54 " height=" 15 " /＞＜/div＞

网页右边部分如图 3－7 所示。

图 3－7　界面截图

8. 制作底部 bottom

＜div id=" bottom "＞

2006 上海卡内基信息科技有限公司版权所有.E-mail：info@ carnegietech.com.cn＜span
class=" text-3 "＞沪 ICP 备 5262453＜/span＞＜br /＞

Designed by flyingstudio＜span class=" text-3 "＞＜/span＞＜/div＞

网页底部如图 3-8 所示。

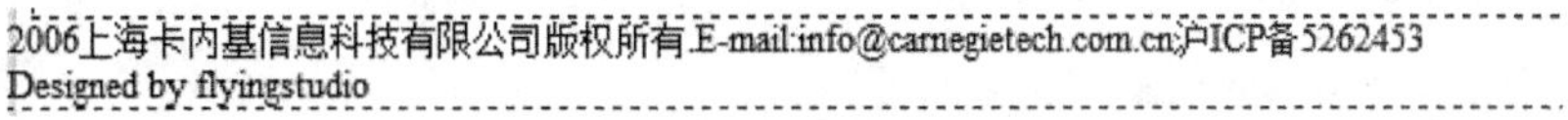

图 3-8　界面截图

另一个文件的制作步骤如下：

1. 新建一个空白的 HTML 页面，并保存为"2. html"。新建两个 CSS 文件，
并分别保存为"style\div. css"和"css. css"。

2. 在"2.html"页面中打开"CSS 样式"面板,单击"附加样式表"按钮,将刚刚创建的两个外部样式表文件"div.css"和"css.css"链接到该文档中。

3. 转换到 css.css 文件中,创建一个名为 body 的 CSS 规则,如下:

body{

margin: 0px;

border: 0px;

padding: 0px;

font-size: 12px;

background-color: #fe4dc;

}

4. 在页面中插入一个名为 box 的 DIV。转换到 div.css 文件中,创建一个名为 #box 的 CSS 规则,如下:

#box{

Width: 788px;

Height: 740px

Margin: 0 auto

Background: url(…/images/001.gif);

Background-repeat: repeat-y;

}

5. 在名为 box 的 DIV 中插入一个名为 top 的 DIV,切换到 div.css 文件,创建一个名为 #top 的 CSS 规则,如下:

#top{

Width: 770px;

Height: 62px;

Margin: 0 auto;

Background-image:url(…/image/002.gif);

Background-repeat: no-repeat;

}

6. 转换到 css.css 文件,创建一个名为 ul li 的 CSS 规则,如下:

ul li{

margin: 0px;

```
padding-left: 6px;

list-style: none;

float: left;

}
```

再创建一个名为 a 的 CSS 规则,如下:

```
a {

text-decoration: none;

color: #000000;

}
```

7. 在名为 top 的 DIV 中插入一个名 top-right 的 DIV,切换到 div.css 文件,创建一个名为 #top-right 的 CSS 规则,如下:

```
#top-right{

Font-size: 14px;

Float: right;

Padding-top: 10px;

Width: 480px;

}
```

8. 转换到代码视图,在名为 top-right 的 DIV 中输入代码,如下:

```
<div id="top-right">

<ul>

<li><a href="#">公司介绍</a></li>

<li><a href="#">产品介绍</a></li>

<li><a href="#">对外服务</a></li>

<li><a href="#">招贤纳士</a></li>

<li><a href="#">新闻中心</a></li>

<li><a href="#">联络我们</a></li>

<ul>

</div>
```

9. 在名为 top 的 DIV 之后插入一个名为 top-pic 的 DIV,切换到 div.css 文件,创建一个名为 #top-pic 的 CSS 规则,如下:

```
#top-pic{
```

```
width：770px；

height：195px；

margin：0 auto；

margin-top：5px；

}
```

10. 光标移至为 top-pic 的 DIV 中,在该 DIV 中插入图像"images\003.gif"。

11. 在名为 top-pic 的 DIV 之后插入一个名为 main-xian 的 DIV,转换到 div.css 文件,创建一个名为♯main-xian 的 CSS 规则,如下:

```
♯main-xian{

width：770px；

height：14px；

margin-top：5px；

margin-left：9px；

background-image：url(⋯/image/004.gif)；

background-repeat：repeat-x；

}
```

12. 在名为 main-xian 的 DIV 之后插入一个名为 main 的 DIV,转换到 div.css 文件,创建一个名为♯main 的 CSS 规则,如下:

```
♯main{

width：540px；

height：400px；

float：left；

margin-left：9px；

margin-top：4px；

}
```

13. 在名为 main 的 DIV 中插入一个名为 main-top 的 DIV,转换到 div.css 文件,创建一个名为♯main-top-text 的 CSS 规则,如下:

```
♯main-top-text{

width：350px；

height：80px；

padding-left：10px；

padding-top：50px；
```

```
color：#767475；

}
```

返回设计页面，删除多余文字，输入以下文字：

欢迎访问上海卡内基信息科技有限公司

上海卡内基信息科技有限公司位于上海张江高新技术开发区，是一家隶属于上海扬子江建设集团的私有企业，公司由一群年轻有为的青年企业家和高科技精英主持和管理，他们拥有高层次的教育背景和丰富的工作经验，敏锐进取，勇于开拓……

14. 修改名 #main-top-text 的 CSS 规则，如下：

```
#main-top-text{

width：350px；

height：80px；

padding-left：10px；

padding-top：50px；

color：#767475；

}
```

15. 修改名为 #main-top-text 的规则，如下：

```
#main-top-text{

width：350px；

height：80px；

padding-left：10px；

padding-top：50px；

color：#767475；

line-height：20px；

}
```

16. 在名为 main-top 的 DIV 之后插入一个名为 main-left 的 DIV，转换到 div.css文件，创建一个名为 #main-left 的 CSS 规则，如下：

```
#main-left{

width：260px；

height：270px；

float：left；

}
```

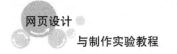

在名为 main-left 的 DIV 中插入一个名为 main-left-top 的 DIV，转换到 div.css 文件，创建一个名为 ♯main-left-top 的 CSS 规则，如下：

```
♯main-left-top{
width：260px；
height：25px；
text-align：center；
}
```

17. 返回设计页面，删除多余文字。光标移至名为 main-left-top 的 DIV 中，在该 DIV 中插入图像"006.gif"。

18. 在名为 main-left-top 的 DIV 之后插入一个名为 main-left-1 的 DIV，转换到 div.css 文件，创建一个名为 ♯main-left-1 的 CSS 规则，删除多余文字，如下：

```
♯main-left-1{
width：235px；
height：70px；
margin：auto；
border-bottom-width：1px；
border-bottom-color：♯e5e5e3；
border-bottom-style：solid；
}
```

19. 在名为 main-left-1 的 DIV 之后插入一个名为 main-pic-1 的 DIV，转换到 div.css 文件，创建一个名为 ♯main-pic-1 的 CSS 规则，如下：

```
♯main-pic-1{
margin-top：6px；
width：56px；
height：58px；
float：left；
}
```

20. 光标移至名为 main-pic-1 的 DIV 中，在该 DIV 中插入图像"008.gif"。光标移至名为 main-pic-1 的 DIV 之后，输入文字，如下：

实验室信息管理系统
自主开发的实验室信息管理系统

将现代化的实验室信息······

21. 转换到 css.css 文件中,创建一个名为.text-2 的 CSS 规则,如下:

```
.text-2{
font-weight: bold;
color: #CC333;
text-decoration: underline;
line-height: 24px;
}
```

返回设计页面中,选中相应的文本,在"属性"面板上的"类"下拉列表中选择 text-2 应用。

22. 相同的方法,完成相似内容的制作。

23. 在名为 main-left 的 DIV 之后插入一个名为 main-right 的 DIV,转化到 div.css 文件,创建一个名为#main-right 的 CSS 规则,如下:

```
#main-right{
width: 270px;
height: 270px;
float: right;
}
```

在名为 main-right 的 DIV,转换到 div.css 文件,创建一个名为 main-right-top 的 DIV,转换到 div.css 文件,创建一个名为#main-right-top 的 CSS 规则,如下:

```
#main-right-top{
Width: 270px;
Height: 25px;
Text-align: center;
}
```

24. 光标移至名为 main-right-top 的 DIV 中,在 DIV 中插入图像"007.gif"。

25. 在名为 main-right-top 的 DIV 之后插入一个名为 main-right-1 的 DIV,转换到 div.css 文件,创建一个名为#main-right-1 的 CSS 规则,如下:

```
#main-right-1{
Width: 235px;
```

```
Height：75px；

Margin：auto；

Color：#767475；

Padding-top：10px；

Border-bottom：1px #e5e5e3 solid；

    }
```

26．在名为 main-right-1 的 DIV 中插入一个名为 main-pic-4 的 DIV，转换到 div.css 文件，创建一个名为 #main-pic-4 的 CSS 规则，如下：

```
#main-pic-4{

Width：50px；

Height：50px；

Float：left；

Border；1px #cdcdcd solid；

    }
```

27．光标移至名为 main-pic-4 的 DIV 中，在 DIV 中插入图像"011.gif"。光标移至名为 main-pic-4 的 DIV 之后，输入文字：

信息技术系统外包

软件开发的外包已经成为卡内基科技对外业的一个重要组成部分。我们专业化、定制化的……

28．选中相应的文本，在"属性"面板上的"类"下拉列表选择 text-2 应用。相同的方法完成相似内容。

29．在名为 main 的 DIV 之后插入一个名为 right 的 DIV，转换到 div.css，创建一个名为 #right 的 CSS 规则，如下：

```
#right{

Width：200px；

Height：340px；

Color：#767675；

Float：left；

Border-left：1px #e5e5e3 solid；

Margin-top：4px；

Background-image：url（../image/013.gif）；

Background-position：left top；
```

```
Padding-top：60px；

Padding-left：20px；

}
```

30. 光标移至名为 right 的 DIV 中，输入文本，如下：

新闻中心

2006 年 7 月 28 日

正式签订上海高桥石化-sk 溶剂生产公司实验室信息管理系统合同意向

2006 年 7 月 20 日

正式签订美国 MSA 公司 Pepsi Shelf Rx 项目开发合同。

2006 年 7 月 10 日

美国 MSA 公司的 Shell Simulator 项目验收通过。

2006 年 7 月 7 日

美国 MSA 公司创始人兼首席执行长官阿尔费雷德金(Alfred Kuehn)博士访问我公司

……

转换到 div.css 文件，创建一个名为 #right h1 的 CSS 规则，如下：

```
#right h1{

Font-size：12 px；

Font-weight：bold；

Color：#cc3333；

Margin-bottom：1px；

Margin-top：9px；

}
```

31. 装换到代码实体，为文本添加标题控制。

```
<div id="main-right">

<h1>2006 年 7 月 28 日<h1>
```

正式签订上海高桥石化-sk 溶剂生产公司实验室信息管理系统合同意向书

```
<h1>2006 年 7 月 20 日<h1>
```

正式签订美国 MSA 公司 Pepsi Shelf Rx 项目开发合同。

```
<h1>2006 年 7 月 7 日<h1>
```

美国 MSA 公司创始人兼首席执行长官阿尔费雷德金(Alfred Kuehn)博士访问我公司

32. 光标移至文本末端,插入图像"image/014.gif"。

转换到 css.css 文件,创建一个名为 ♯main-right img 的 css 规则,如下:

```
♯main-right img{

Margin-top:20px

}
```

33. 在名为 right 的 DIV 之后插入一个名为 bottom 的 DIV,转换到 div.css 文件,创建一个名为 ♯bottom 的 CSS 规则,如下:

```
♯bottom{

Width:760px;

Height:40px;

Clear:left;

Margin-left:9px;

Padding-left:10px;

Padding-top:18px;

Background-image:url(../image/015.gif);

Background-repeat:no-repeat;
```

34. 转换到 css.css 文件中,创建一个名为.text-3 的 css 规则,光标移至名为 bottom 的 DIV 中,输入相应的文本,在"属性"面板上的"类"下来表中选择 text-3 应用。

```
.text-3{

Margin-left:240px;

}
```

35. 完成页面的制作,执行"文件>保存"命令,保存页面,并保存外部样式表文件。在整个浏览器中预览整个页面。

第4章 综合使用 HTML 与 CSS 样式表

一、本章知识点

（一）HTML 部分

1. HTML 头部声明

DOCTYPE 是 document type（文档类型）的简写，用来说明你用的 XHTML 或者 HTML 是什么版本。DOCTYPE 声明必须放在每一个 XHTML 文档最顶部，在所有代码和标识之上。

＜head＞标签包含的内容如下：

（1）＜title＞标签：title 就是说这个网页是干什么的，指的是公司名、产品名、功能名等，全是给浏览器，以方便用户能快速准确地了解这个网页要介绍的内容。

title 的特点是：title 标签只能在 head 标签内出现；标签内的内容通常在浏览器的标题栏中显示；浏览器中收藏夹内书签的名称是 title 的内容；title 的内容可以方便搜索引擎索引页面；从搜索引擎搜索到的内容的标题往往是网页 title 的内容；title 通常体现了网页的主题内容，所以记得一定要加上。

（2）＜meta＞标签：＜meta＞元素可提供有关页面的原信息（meta-information），比如针对搜索引擎和更新频率的描述和关键词。它位于 head 标签内，单独出现，必须被正确地关闭。＜meta name＝""content＝""/＞meta 属性主要分为两组。

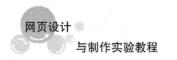

① name 属性与 content 属性

name 属性的值所描述的内容（值）通过 content 属性表示，便于网络爬虫查找、分类。其中最重要的是 description、keywords 和 robots。

② http-equiv 属性和 content 属性

http-equiv 顾名思义，相当于 http 的文件头作用，它可以向浏览器传回一些有用的信息，以帮助正确和精确地显示网页内容，与之对应的属性值为 content，content 中的内容其实就是各个参数的变量值，其中最重要的属性值包括 expires（期限）、pragma（cache 模式）、refresh（刷新）、set-cookie（cookie 设定）、window-target（显示窗口的设定）、content-type（显示字符集的设定）、content-language（显示语言的设定）、cache-control（指定请求和响应遵循的缓存机制）。

2．HTML 标签的规范

（1）所有标签都必须要有相应的结束标签；

（2）标签与标签的属性都必须使用小写；

（3）所有标签都必须合理嵌套；

（4）＜img＞标签的 alt 属性：搜索引擎会比较重视，要充分利用它来放置关键词。它的好处包括：

① 获取或设置在图像不可用或当前正在下载且尚未完成的情况下浏览器显示的替换标题；

② 搜索引擎把 alt 属性里的内容当那个图片的关键词，关键词写得好，图片被搜索到的概率也是非常大的。

（5）HTML 转义字符。

3．HTML 常用标签

（1）块属性标签（块元素）

➢ ＜div＞＜/div＞可以把文档分割为独立的、不同的部分。

➢ ＜h1＞＜/h1＞…＜h6＞＜/h6＞可定义标题。＜h1＞定义最大的标题，＜h6＞定义最小的标题。

➢ ＜ol＞＜/ol＞定义有序列表，必须嵌套＜li＞。

➢ ＜ul＞＜/ul＞定义无序列表，必须嵌套＜li＞。

➢ ＜li＞＜/li＞定义列表项目，是有序列表和无序列表的子标签。

➢ ＜dl＞＜/dl＞定义自定义列表。

➢ ＜dt＞＜/dt＞一般用于定义列表标题。

➢ ＜dd＞＜/dd＞定义自定义列表内容。

➢ ＜table＞＜/table＞定义表格。

➢ ＜tr＞＜/tr＞定义表格行。

➢ ＜th＞＜/th＞定义表头。

➢ ＜td＞＜/td＞定义表格单元。

➢ ＜p＞＜/p＞定义段落。

➢ ＜br/＞换行符。

➢ ＜form＞＜/form＞用于为用户输入创建 HTML 表单。

（2）行内属性标签（内联元素）

➢ ＜span＞＜/span＞被用来组合文档中的行内元素。

➢ ＜var＞＜/var＞定义变量，在浏览器中一般以斜体显示。

➢ ＜em＞＜/em＞把文本定义为强调内容，在浏览器中一般以斜体显示。

➢ ＜a＞＜/a＞锚文本，最重要的属性是 href，指定连接的目标。

➢ ＜img/＞是单标签，链接图片，有 src 和 alt 属性。

➢ ＜textarea＞＜/textarea＞定义多行文本输入控件，可通过 cols 和 rows 属性来规定 textarea 的尺寸，也可以用 css 的 width 和 height 属性来控制。

➢ ＜select＞＜/select＞可创建单选或多选菜单，子标签是 select。

➢ ＜option＞＜/option＞定义下拉列表中的一个选项，位于 select 元素内部。

➢ ＜input＞用于搜集用户信息。根据不同的 type 属性值，输入字段拥有很多种形式。输入字段可以是文本字段 text、复选框 checkbox、掩码后的文本控件，单选按钮 radio、按钮 button、提交 submit、重置 reset、空白 hidden，等等。

➢ ＜strong＞＜/strong＞把文本定义为更强的强调的内容。

（3）块属性标签特点：标签默认撑满整行，总是在新的一行开始；高度、行高以及顶底边距都可控制；未设定宽度时，宽度为容器的100%。

（4）行内属性标签特点：行内属性标签可在一行显示；宽高即顶底边距不可控制；内容撑开宽高。

（二）CSS 部分

1. CSS 引入方式

（1）外部引入：在 HTML 的 head 部分＜link rel＝"stylesheet"type＝"text/css"href＝"http：//blog.163.com/html5_12/所需的 CSS 文件路径"＞,引入外部的 CSS 文件。优缺点是使用最广泛,一个 CSS 文件可控制多个页面,从整站来讲,减少代码数量,提高加载速度,便于维护。

（2）头部引入：在 head 部分加入＜style type＝"text/css"＞＜/style＞标签,CSS 代码就写在标签内(style 是表明引入文件类型的标签;type 是表明文件类型)优缺点是使用比较多,加载速度快,一般用于访问量较大的网站或首页,但是整站代码较多,不利于维护。

（3）在标签内直接写 CSS：直接把 CSS 标签写在页面标签里。优缺点是用得比较少,权重最高,代码多,加载慢,不利于维护。

（4）使用@import 引入 CSS,适合大型网站 CSS 架构。

2. CSS 选择器

（1）标签名选择器：如：p{},即直接使用 HTML 标签作为选择器,在实际的应用中,我们习惯用它设置标签的一些默认属性或者和后代选择器一起使用。

（2）类选择器：如：polaris{};前端开发者最常用。

特点：① 可以给不同标签设置同一个类,从而用一条 CSS 命令控制几个标签,减少代码量,使页面修改简单,易维护、易改版。② 后台工作人员几乎不会用到有关 class 的相关设置,不需要跟后台人员之间进行交互;③ 可以通过 js 等动态改变标签的 classname,从而改变整个标签的样式,使前端动态效果实现起来更为容易。

命名规范：第一个字符不能使用数字,在 Mozilla 或 firefox 中不起作用。

（3）ID 选择器：如：♯polaris{};在同一个 HTML 文档中不能出现两个相同的 ID 名称,也就是说 ID 具有唯一性。

（4）后代选择器：如：polaris span img{};后代选择器实际上是使用多个选择器加上中间的空格来找到具体的要控制的标签。

（5）群组选择器：如：polaris，span，img{};实际上是对 CSS 的一种简化写法,是把具有相同 CSS 样式的不同选择器放在一起,减少代码量。

（6）CSS 选择器中的属性顺序

显示属性：display，list-style，position，float，clear;

自身属性：width，height，margin，padding，border，background；

文本属性：color，font，text-decoration，text-align，vertical-align，white-space，content。

（7）CSS 优先级

所谓优先级是指 CSS 样式在浏览器中被解析的先后顺序。

① CSS 不同引入方式的优先级：标签内嵌样式＞头部书写样式＞外部引用样式＞浏览器默认样式。

② CSS 选择器的优先级：id＞class＞tagname。

③ 多个选择器混用时的优先级：如 .a .b c{}和 .a c{}，它们指向的目标都是 c，但是前者的优先级高于后者。

注：当指向同一目标选择器的优先级相同时，后面的优先级大于前面的优先级；当同一个标签中定义有多个 class 名时，各个类选择器之间的优先级与 html 中的 class 名排列无关，而是与 CSS 文件中各个类选择器的排列有关。

二、【实验目的】

1. 掌握 HTML 的语法规则。
2. 掌握 CSS 的应用。

三、【实验内容】

实验内容是 HTML 与 CSS 综合案例。

（一）布局分析

本实例采用上、中、下的布局方式，top 是游戏导航条，中间又分为 left 与 right 两部分，left 是登录界面和最新信息，right 是搜索引擎、游戏道具和排行榜，bottom 部分是网站的基本信息，如图 4-1 所示。

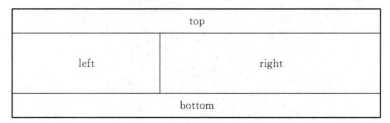

图 4-1　布局界面

（二）制作流程

本实例采用边布局边填充内容的制作方法，首先制作网站总导航，接着制作背景效果，插入 Flash 导航动画，再制作页面主体部分，最后完成页面的版底信息。如图 4－2 至图 4－5 所示。

图 4－2　界面截图 1

图 4－3　界面截图 2

图 4 - 4　界面截图 3

图 4 - 5　界面截图 4

1. 执行"文件＞新建"命令，新建一个空白的 HTML 文件，并保存为"1.html"。新建两个 CSS 文件，并分别保存为"style/div.css"和"style/css.css"。

2. 在"1.html"页面中打开"CSS 样式"面板，单击"附加样式表"按钮，将刚刚创建的两个外部样式表文件 div.css 和 css.css 链接到该文档中。

3. 转换到 css.css 文件中，创建一个名为 * 的通配符 CSS 规则。再创建一个名为 body 的标签 CSS 规则。

```
* {
  margin: 0px;
  padding: 0px;
  border: 0px;
}
body{
  font-size: 12px;
  font-family: "宋体";
  color: #FFFFFF;
  background-image: url(../images/bg.jpg);
  background-repeat: repeat-x;
}
```

4. 光标置于页面设计视图中，在页面中插入一个名为 box 的 DIV，转换到 div.css 文件中，创建一个名为 #box 的 CSS 规则。

```
#box{
  height: 100%;
  width: 100%;
}
```

5. 在名为 box 的 DIV 中插入一个名为 top 的 DIV，转换到 div.css 文件中，创建名为 #top 和 #top img 的 CSS 规则。返回设计页面，删除多余的文字，在该 DIV 中插入图像"images/logo.gif"。

```
#top{
  height: 34px;
  width: 100%;
```

```
    background-image：url(../images/top-bg.jpg)；
    background-repeat：repeat-x；
}
#top img{
    float：left；
    margin-left：40px；
}
```

6. 在名为 top 的 DIV 中插入一个名为 top-menu 的 DIV，转换到 div.css 文件中，创建一个名为♯top-menu 的 CSS 规则。返回设计页面，删除多余的文字，并输入相应的文字。

```
#top-menu{
    line-height：18px；
    margin：10px 0px 0px 30px；
    width：280px；
    float：left；
    color：#000000；
    text-align：center；
}
```

7. 光标移至名为 top-menu 的 DIV 中，转换到代码视图，添加相应代码。转换到 div.css 文件中，创建一个名为♯top-menu span 的 CSS 规则。

```
<div id="top"><img src="images/logo.gif"width="60" height="30"/>
<div id="top-menu">首页<span>|</span>社区<span>|</span>家族<span>|
</span>会员<span>|</span>活动
</div>
#top-menu span{
    margin-left：5px；
    margin-right：5px；
}
```

8. 在名为 top-menu 的 DIV 之后插入一个名为 top-link 的 DIV，转换得到 div.css 文件中，创建一个名为♯top-link 的 CSS 规则。返回设计页面，删除多余的文字，并输入相应的文字。

```
#top-link{
    line-height: 18px;
    width: 200px;
    float: right;
    color: #000000;
    margin: 10px 0px 0px 0px;
    padding-right: 20px;
    text-align: center;
}
```

9. 用相同的方法完成相似的内容的制作。

```
<div id=" top-link ">登录<span>|</span>收藏<span>|</span>联系</div>
</div>
#top-link span{
    margin-left: 5px;
    margin-right: 5px;
}
```

10. 在名为 top 的 DIV 之后插入一个名为 mainbg 的 DIV,转换到 div.css 文件中,创建一个名为 #mainbg 的 CSS 规则。返回设计页面。

```
#mainbg{
    height: 966px;
    width: 100%;
    background-image: url(../images/main.jpg);
    background-repeat: no-repeat;
    background-position: center top;
}
```

11. 删除多余的文字,在名为 mainbg 的 DIV 中插入一个名为 main-center 的 DIV,转换到 div.css 文件中,创建一个名为 #main-center 的 CSS 规则。

```
#main-center{
    height:966px;
    width:970px;
    margin-right:auto;
```

```
margin-left:auto;
```

}

12. 在名为 main-center 的 DIV 中插入一个名为 top-flash 的 DIV,转换到 div.css 文件中,创建一个名为♯top-flash 的 CSS 规则。光标移至该 DIV 中,删除多余的文字,插入 Flash 动画"images/flash-1.SWF",选中刚插入的 Flash 动画,单击"属性"面板上的"播放"按钮。

```
♯top-flash{
  height:145px;
  width:970px;
  margin:auto;
}
```

13. 在名为 top-flash 的 DIV 之后插入一个名为 main 的 DIV,转换到 div.css 文件中,创建一个名为♯main 的 CSS 规则。

```
♯main{
  height:705px;
  width:668px;
  margin:auto;
}
```

14. 在名为 main 的 DIV 中插入一个名为 main-left 的 DIV,转换到 div.css 文件中,创建一个名为♯main-left 的 CSS 规则。

```
♯main-left{
  height:158px;
  width:431px;
  float:left;
}
```

15. 在名为 main-left 的 DIV 中插入一个名为 main-left1 的 DIV,转换到 div.css 文件中,创建一个名为♯main-left1 的 CSS 规则,删除多余的文字,在该 DIV 中插入图像"images/12208.gif"。

```
♯main-left1{
  height:38px;
```

```
width:220px;

float:left;

padding:0px 0px 40px 20px;

}
```

16. 在名为 main-left1 的 DIV 之后插入一个名为 main-left2 的 DIV,转换到 div.css 文件中,创建一个名为♯main-left2 的 CSS 规则。光标移至该 DIV 中,删除多余的文字,插入 Flash 动画"flash-2.SWF",并设置其 Wmode 属性为"透明"。

```
♯main-left2{

  height:78px;

  width:185px;

  float:left;

  margin-left:5px;

}
```

17. 在名为 main-left2 的 DIV 之后插入一个名为 main-left3 的 DIV,转换到 div.css 文件中,创建一个名为♯main-left3 的 CSS 规则。

```
♯main-left3{

  height:75px;

  width:400px;

  float:left;

  padding-top:5px;

}
```

18. 在名为 main-left3 的 DIV 中插入一个名为 main-left4 的 DIV,转换到 div.css 文件中,创建一个名为♯main-left4 的 CSS 规则。

```
♯main-left4{

  height:26px;

  width:260px;

  margin-left:10px;

}
```

19. 光标移至名为 main-left4 的 DIV 中,根据表单的制作方法可以完成该部分登录表单的制作,新建如下 CSS 规则。

```
#login_name,#login_pass{
    font-size:12px;
    color:#FFFFFF;
    background-color:#A80400;
    height:15px;
    width:60px;
    border:1px solid #CF6E6D;
    margin-top:1px;
}
#login_button{
    float:right;
    margin-right:20px;
}
#main-left5{
    height:30px;
    width:260px;
    margin-left:10px;
    padding-bottom:5px;
}
#main-left5 img{
    margin-left:5px;
    margin-top:2px;
}
```

20. 在名为 main-left 的 DIV 之后插入一个名为 main-right 的 DIV,转换到 div.css 文件中,创建名为 #main-right 和 #main-right img 的 CSS 规则。

```
#main-right{
    height:96px;
    width:215px;
    float:left;
    margin-top:42px;
    margin-left:3px;
```

```
    line-height:18px;

    padding:5px  0px  0px  5px;

    background-image:url{../images/12201.gif};

    background-repeat:no-repeat;

}

♯main-right img{

    float:left;

    margin:0px 5px 0px 13px;

}
```

21. 光标移至名为 main-right 的 DIV 中,删除多余的文字,插入相应的图像,并输入文字,转换到 css.css 文件中,创建一个名为.font01 的 css 规则。返回设计页面,选中第一行文字,在"类"下拉列表中选择.font01 应用。

```
.font01{

color：♯ed4324;

font-size：12px;

font-weight：bold;

}
```

22. 相同的方法,完成名为 main-right 的 DIV 中表单部分内容的制作。

23. 在名为 main-right 的 DIV 之后插入一个名为 main-main 的 DIV,转换到 div.css 文件中,创建一个名为♯main-main 的 CSS 规则。

```
♯main-main{

float：left;

height：366px;

width：307px;

text-align：left;

background-image：url(../images/12210.gif);

background-repeat：no-repeat;

margin-left：10px;

}
```

24. 在名为 main-main 的 DIV 之后插入一个名为 main-mainmore 的 DIV,转换到 div.css 文件中,创建一个名为♯main-mainmore 的 CSS 规则。返回设计页

面,在该 DIV 中插入图像"images/12212.gif"。

```
#main-mainmore{
height: 20px;
width: 50px;
float: right;
padding: 5px 0px 0px 5px;
}
```

25. 在名为 main-mainmore 的 DIV 之后插入一个名为 main-mianhd 的 DIV,转换到 div.css 文件中,创建一个名为 #main-mainhd 的 CSS 规则。

```
#main-mainhd{
height: 174px;
width: 307px;
float: left;
margin-top: 10px;
}
```

26. 光标移至名为 main-mianhd 的 DIV 中,删除多余的文字,输入相应的文字,转换到代码视图中,添加相应的代码。

27. 转换到 div.css 文件中,创建名为 #main-mainhd dt 和 #main-mainhd dd 的 CSS 规则,如下:

```
#main-mainhd dt{
width: 160px;
float: left;
line-height: 18px;
background-image: url(../images/12207.gif);
background-repeat: no-repeat;
background-position: 15px center;
padding-left: 75px;
}
#main-mainhd dd{
width: 60px;
float: left;
```

```
line-height：18px；

}
```

28．用相同的方法完成相似内容的制作。

29．在名为 main 的 DIV 之后插入一个名为 bottom 的 DIV,转换到 div.css 文件中,创建一个名为 ♯bottom 的 CSS 规则,如下：

```
♯bottom{

height：116px；

width：668px；

margin：auto；

}
```

30．相同的办法,完成页面版底信息部分内容的制作。

31．完成页面的制作,执行"文件＞保存"命令,保存页面,并保存外部样式文件,在浏览器中预览整个页面。

第5章　DIV＋CSS 布局简介

一、本章知识点

DIV 是层叠样式表中的定位技术，全称是 DIVision，即为划分，有时可以称其为图层。DIV 元素是用来为 HTML（标准通用标记语言下的一个应用）文档内大块（block-level）的内容提供结构和背景的元素。

<div> 是一个块级元素。这意味着它的内容自动地开始一个新行。实际上，换行是<div>固有的唯一格式表现。可以通过 <div> 的 class 或 id 应用额外的样式。

不必为每一个 <div> 都加上类或 id，虽然这样做也有一定的好处。可以对同一个 <div> 元素同时应用 class 和 id 属性，但是更常见的情况是只应用其中一种。这两者的主要差异是，class 用于元素组（类似的元素，或者可以理解为某一类元素），而 id 用于标识单独的唯一的元素。

除了控制定位单元的左上角位置，你还可以控制单元的宽度和高度，及单元在页面的可视性。

（1）宽度

定位了的要素在页面上显示时仍然会从左到右一直显示。利用宽度属性就可以设定字符向右流动的限制，即设定要素的宽度。

```
DIV { position: absolute; left: 200px; top: 40px; width: 150px }
```

浏览器接到这项规则时,它将文字按照规则规定的效果显示,还将段落的最大水平尺寸限制在 150 像素。

宽度属性只适用于绝对定位的要素。你可以使用我们学过的任何一种长度单位,或使用比例值设定宽度,比例值指相对于母体要素的比例。

（2）高度

理论上讲,高度应该和宽度的设置类似,只不过是在垂直方向上。

```
DIV { position: absolute; left: 200px; top: 40px; height: 150px }
```

这里我用了"理论上讲",因为有些浏览器不支持高度属性。

（3）可视性

利用 CSS,你可以隐藏要素,使其在页面上看不见。这条属性对于定位了的和未定位的要素都适用。

```
H4 { visibility: hidden }
```

（4）选项

visible 使要素可以被看见;

hidden 使要素被隐藏;

inherit 指它将继承母体要素的可视性设置。

值 inherit 为缺省值。这使单元继承父单元的可见性。所以,如果某一段是隐藏的,则它包含的任何行间单元也都被隐藏。这一继承性可被明确指定的可见性取代。例如,段内的 EM 单元被指定为可见,这时如果该段被隐藏,则段内的所有其他内容都将消失,而唯有 EM 单元中的文本是可见的。

当一个要素被隐藏后,它仍然要占据浏览器窗口中的原有空间。所以,如果你将文字包围在一幅被隐藏的图像周围,那么,其显示效果将是文字包围着一块空白区域。

这条属性在编写语言和使用动态 HTML 时很有用,比如你可以使某段落或图像只在鼠标滑过时才显示。

（5）单元层次（z-index）

特性 z-index 用于堆叠屏幕上的单元。缺省情况下,单元堆叠的顺序为它们出现在 HTML 标记的顺序,也就是说,后出现单元堆叠在早出现单元的上面。z-index 特性实际上定义同属(sibling)单元的堆叠顺序以及单元相对父单元的堆叠。按照规范草案,具有正 z-index 值的单元群都堆叠在父单元之上,它们自己的堆叠顺序则按其取值的大小来决定(值大的单元在上层)。同样,具有负 z-index 值的单元群都堆叠在父单元之下,它们自己的堆叠顺序也按取值的大小来定(值大的单元在上层,例如值为－1 的单元在值为－2 的单元的上面)。

该参数值使用纯整数。z-index 用于绝对定位或相对定位了的要素。你也可以给图像设定 z-index。(对于 Communicator,最好将＜IMG＞标签包在[font]或标签内,然后将 z-index 应用到[font]或。)

(6) 剪辑绝对定位单元(clip)

绝对定位单元可以被剪辑,也即剪辑显示给用户的区域,只显示单元的一部分而把其余部分作透明处理。对于传统的基于文本和图像的网络页面,这并不是一个很有用的特征。但若要求多媒体页面,这是很有用的。如 Netscape Communicator 4 和 Internet Explorer 4 都支持多媒体页面,它们通过文档的脚本接口动态地调整单元周围的剪辑区,从而实现文本"划入"和图像渐显等显示特征。

在 CSS 中,剪辑通过 clip 特性来控制,这一特性只能用于绝对定位单元,其缺省值为 auto,按单元的外边缘来剪辑单元(实际上等于没有剪辑)。另外,可通过如下表达式设置剪辑框:

```
clip : rect(top,right,bottom,left) ;
```

其中 top、right、bottom 和 left 分别是矩形剪辑框的上边、右边、下边和左边相对于被剪辑单元左上角的位置。top、right、bottom 和 left 的值可以为任意绝对或相对长度值(但不能为百分比值),或者是关键字 auto。取值为 auto 意味着剪辑区域的各边放好以后,被剪辑单元中的任何内容都不会超出这个区域。

(7) 控制单元溢出(overflow)

固定绝对或相对定位单元的 width 和 height,很可能会因为指定的区域不能满足单元实际内容的需要,而造成单元内容溢出。这时可使用 overflow 来指定浏览器如何处理溢出:值 none(缺省值)允许浏览器显示溢出的内容,因此单元可溢出指定的区域;而值 clip 要求浏览器在单元底部和右边剪辑单元内容,这样,超出指定区域的单元内容将不显示;值 scroll 也同样要求浏览器在单元底部和右边剪辑单元内容(同 clip),不过,浏览器应该(如果可能的话)为单元提供滚动条以使用户能通过滚动来浏览被剪辑的内容。

网站使用 DIV+CSS 布局使代码很是精简,CSS 文件可以在网站的任意一个页面进行调用,而若是使用 table 表格修改部分页面却是显得很麻烦。要是一个门户网站的话,需手动改很多页面,而且看着那些表格也会感觉很乱也很浪费时间,但是使用 CSS+DIV 布局只须修改 CSS 文件中的一个代码即可。

二、【实验目的】

1. 掌握 HTML 文档应用样式的方法。
2. 学会 CSS 样式代码编写规则以及 CSS 样式选择器的种类及使用。

三、【实验内容】

(一)布局分析

本实例使用的布局类型为上中下型,布局类型非常常见,可用在大部分网站上。实例中的 box 是整个页面的容器,top 用来宣传咖啡店,吸引浏览者的目光,main 是主体内容,bottom 是网站中的一些基本信息,如图 5-1 所示。

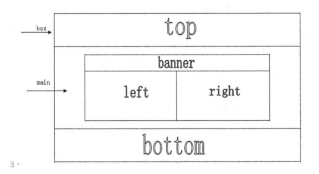

图 5-1 网页布局

(二)制作流程

在本实例的制作过程中,我们将通过对话框的形式对 CSS 样式进行设置,从而自动生成相应的 CSS 代码,以便读者在前期能够熟悉 CSS 样式的设置。该页面相对来说比较简单,首先我们需要通过一个 DIV 创建页面的居中布局,接着在该 DIV 中分别插入相应的 DIV 来完成页面上、中、下部分内容的制作。如图 5-2 所示。

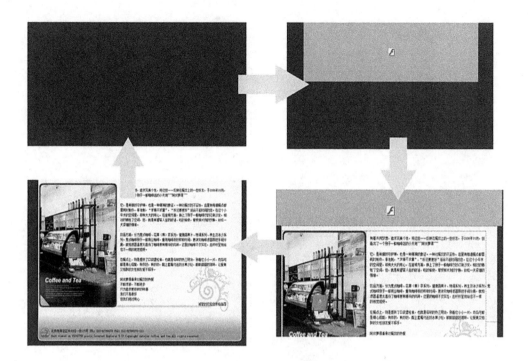

图 5 - 2 制作流程

第一步：执行"文件＞新建"命令，新建一个空白的 HTML 页面，并保存为"5-5.html"，如图 5 - 3"CSS 样式"面板所示。

图 5 - 3 CSS 样式面板

第二步：执行"文件＞新建"命令，新建两个 CSS 文件，并分别保存为"div.css"和"css.css"，如图 5 - 4、图 5 - 5 所示。

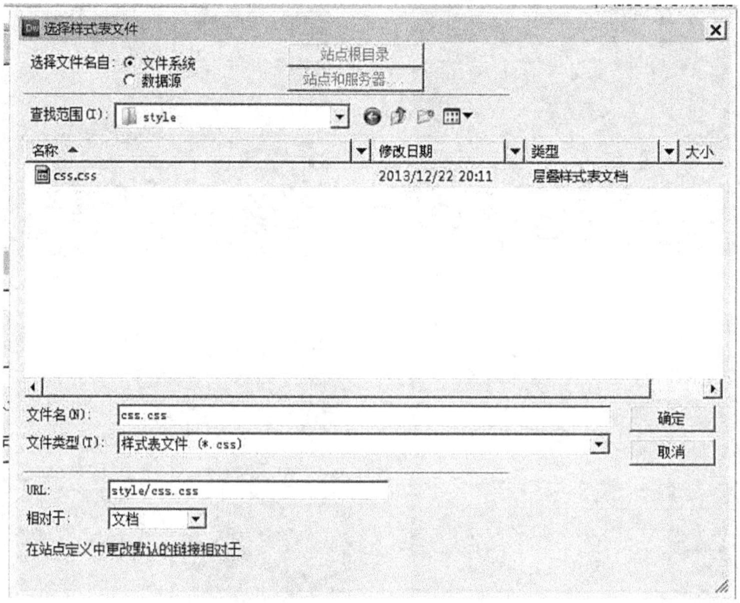

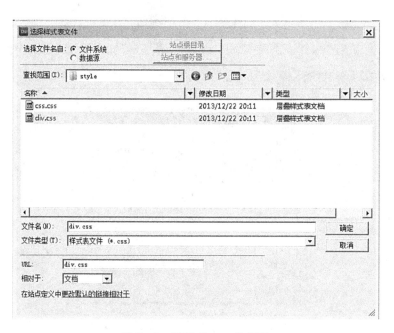

图 5 - 4　保存 css. css 样式表

图 5 - 5　保存 div. css 样式表

　　第三步：切换到"5-5. html"文件，打开"CSS 样式"面板，单击"附加样式表"按

钮　　，将刚刚新建的外部样式表文件 div. css 链接到文件，如图 5 - 6 所示。

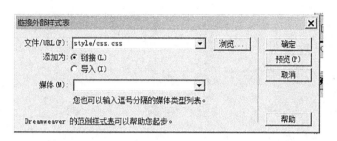

图 5 - 6　链接 css. css 外部样式表文件

第四步：用同样的方法，将新建的外部样式表文件 css. css 链接到文件，如图 5-7 所示。

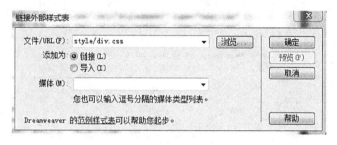

图 5 - 7　链接 div. css 外部样式表文件

第五步：选中 css. css，单击"新建 CSS 规则"按钮 ，弹出"新建 CSS 规则"对话框，在"选择器类型"下拉列表中选择标签，在"选择器名称"下拉列表中输入"＊"，如图 5-8 所示。

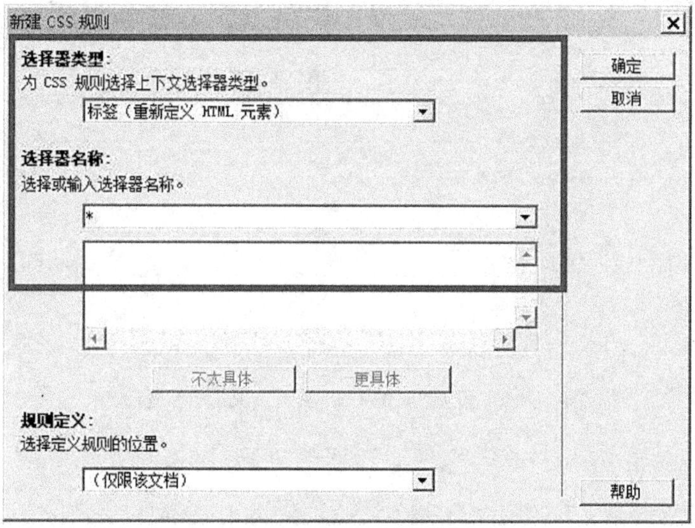

图 5 - 8　设置"新建 CSS 规则"对话框

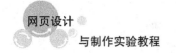
第六步：单击"确定"按钮，弹出"＊的 CSS 规则定义"对话框。在"分类"列表中选择"方框"选项，设置 padding 和 margin 均为 0，如图 5 - 9 所示。在"分类"列表中选择"边框"选项。设置 width 为 0，如图 5 - 10 所示。

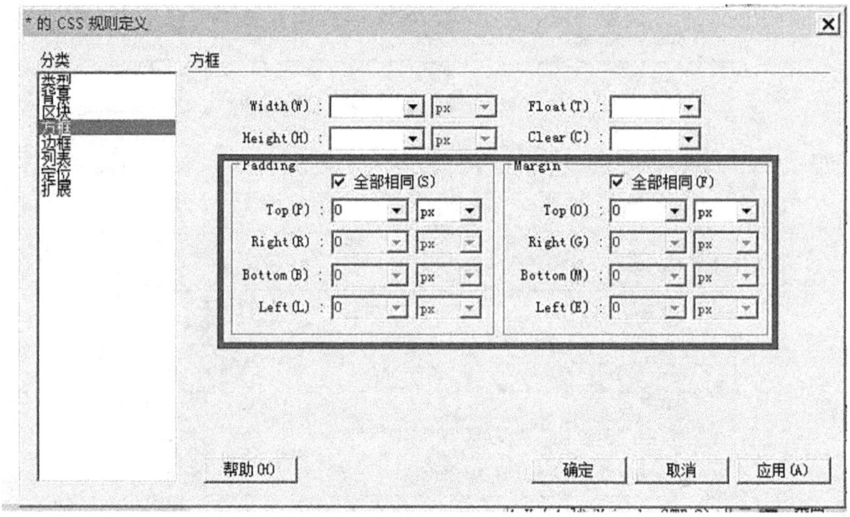

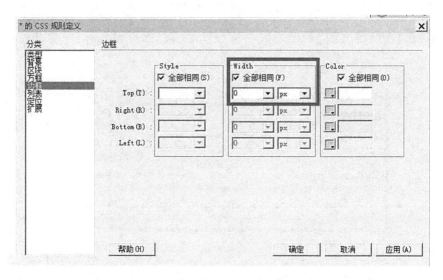

图 5 - 9　设置"＊的 CSS 规则定义"对话框(1)

图 5 - 10　设置"＊的 CSS 规则定义"对话框(2)

第七步：单击"确定"按钮，完成对话框的设置，用相同方法新建 CSS 规则，在"选择器名称"下拉列表中选择 body 标签，如图 5 - 11 所示。单击"确定"按钮，弹出"body 的 CSS 规则定义"对话框，如图 5 - 12 所示。

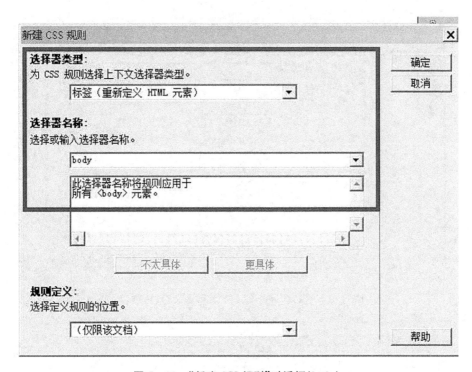

图 5－11 "新建 CSS 规则"对话框(body)

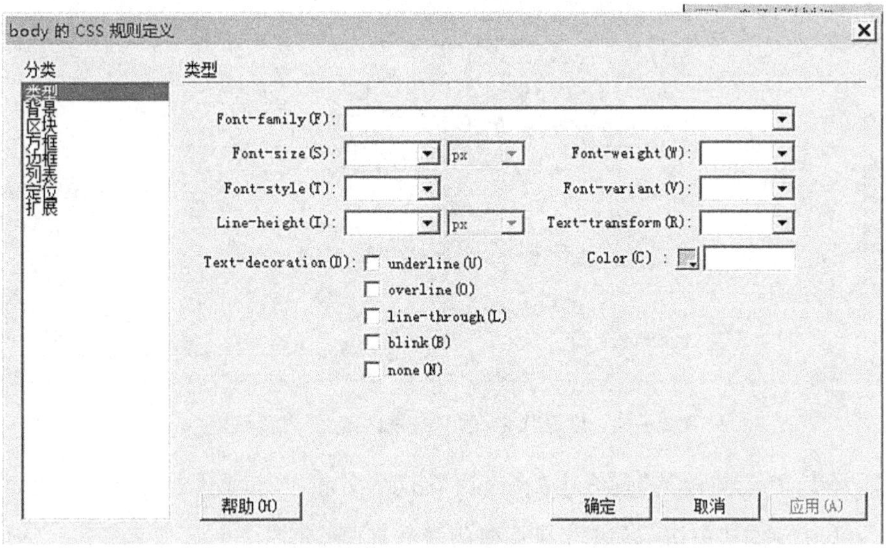

图 5－12 设置"body 的 CSS 规则定义"对话框(1)

第八步：在"分类"列表中选择"类型"选项，对相关选项进行设置，如图 5－13 所示，选中"背景"选项，对相关选项进行设置，如图 5－14 所示。

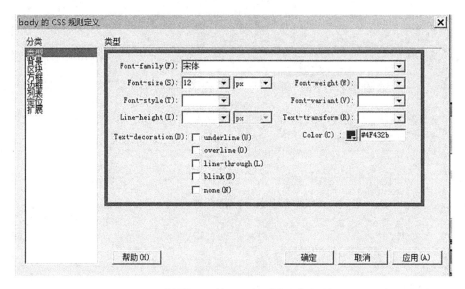

图 5 - 13　设置"body 的 CSS 规则定义"对话框(2)

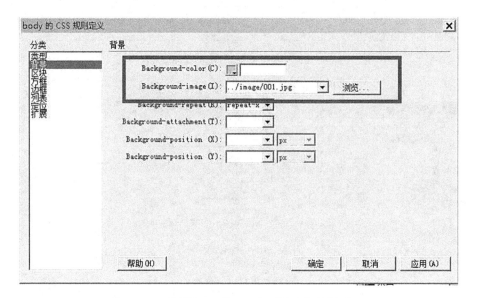

图 5 - 14　设置"body 的 CSS 规则定义"对话框(3)

　　第九步：单击"分类"列表中的"区块"选项，对相关选项进行设置，如图 5 - 15 所示。单击"确定"按钮，可以看到页面的背景效果，如图 5 - 16 所示。

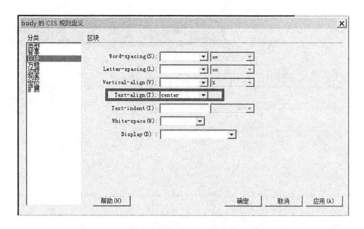

图 5-15 "设置 body 的 CSS 规则定义"对话框(4)

图 5-16 页面效果(1)

第十步：光标置于页面设计视图中,单击"插入"面板中的"插入 Div 标签",如图
5-17 所示。弹出"插入 Div 标签"对话框,在"插入"下拉列表中选择"在插入点"选
项,在 ID 下拉列表中输入 box,如图 5-18 所示。单击"确定"按钮,在页面中插入名
称为 box 的 DIV,源代码如图 5-19 所示,可以看到页面效果如图 5-20 所示。

图 5-17 选择"插入 Div 标签"对话框

图 5 - 18　"插入 Div 标签"对话框(box)

```
</head>
<body>
<div>此处显示新 Div 标签的内容</div>
</body>
```

图 5 - 19　源代码

图 5 - 20　页面效果(2)

提示：在"插入 Div"标签对话框中,在"插入"下拉列表中的"在插入点"是指在页面中光标当前位置。在"类"下拉列表中可以选择"应用在该 Div 中"的类样式表。在 ID 下拉列表中输入 DIV 容器的 id 名称。

第十一步：打开"CSS 样式"面板,选择 div.css,单击"新建 CSS 规则"按钮 [图标] ,如图 5 - 21 所示。弹出"新建 CSS 规则"对话框,在"选择器类型"下拉列表框中选择"ID(仅用于 HTML 元素)",在"选择器名称"下拉列表框中输入 box,如图 5 - 22 所示。

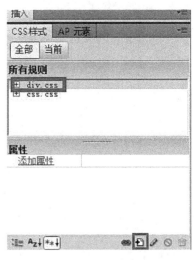

图 5 - 21　"新建 CSS 规则"按钮(box)

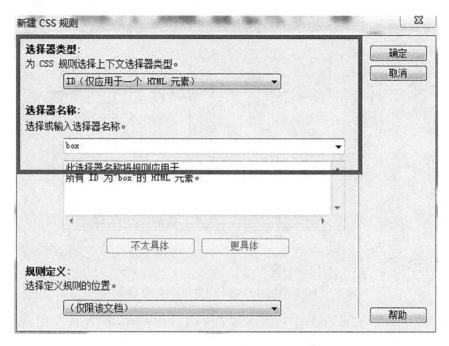

图 5 - 22　"新建 CSS 规则"对话框(box)

第十二步：单击"确定"按钮，弹出"♯box 的 CSS 规则定义"对话框，选择"区块"选项，对相关选项进行设置，如图 5 - 23 所示。选择"方框"选项，对相关选项进行设置，如图 5 - 24 所示。

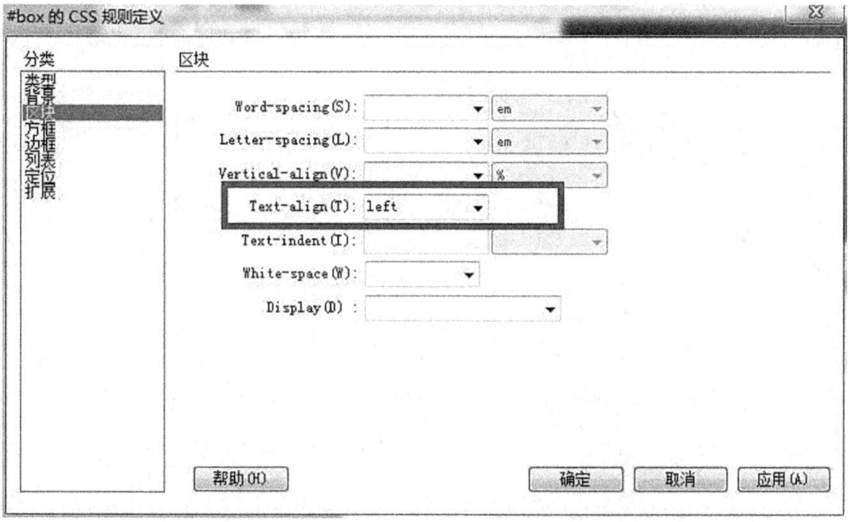

图 5 - 23　设置"♯box 的 CSS 规则定义"对话框(1)

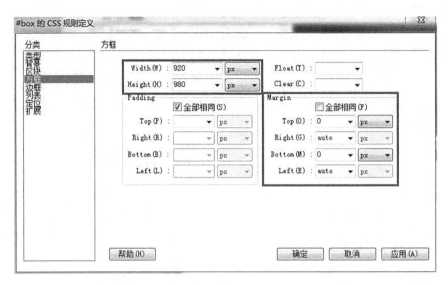

图 5 - 24　设置"♯box 的 CSS 规则定义"对话框(2)

第十三步：将光标至该 DIV 中，将多余的文本删除，单击"插入"栏上的"插入 Div 标签"按钮 ⊞ 插入 Div 标签 ，在该 DIV 中插入名称为 top 的 DIV，如图5－25 所示。

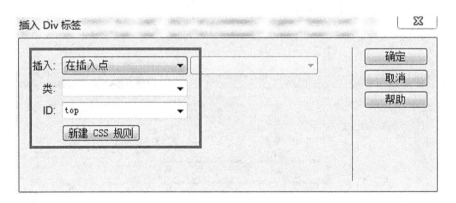

图 5 - 25　"插入 Div 标签"对话框(top)

第十四步：用相同方法新建 CSS 规则，设置如图 5 - 26 所示。单击"确定" 按钮，弹出"♯top 的 CSS 规则定义"对话框，在"分类"列表中选择"背景"选项， 对相关选项进行设置，如图 5 - 27 所示。在"分类"列表中选择"边框"选项，把 "Width"设置为 920px，"Height"设置为 264px，如图 5-28 所示。效果如图5-29 所示。

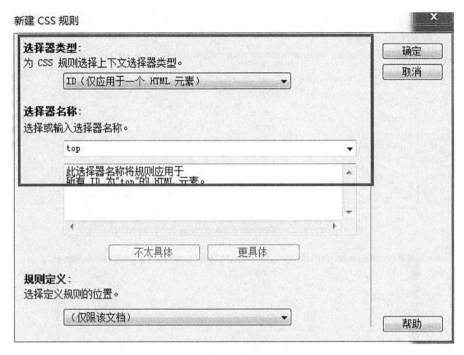

图 5 - 26 "新建 CSS 规则"对话框(top)

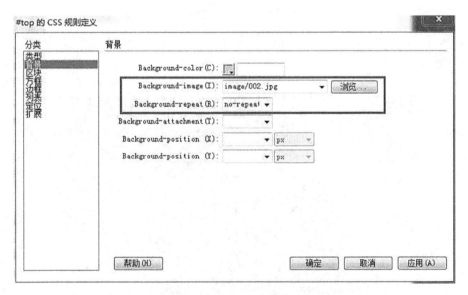

图 5 - 27 设置"♯top 的 CSS 规则定义"对话框(1)

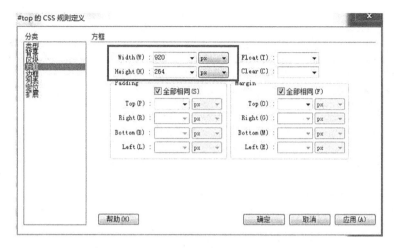

图 5-28 设置"♯top 的 CSS 规则定义"对话框(2)

图 5-29 页面效果(3)

第十五步:光标移至名为 top 的 DIV 中插入 Flash 动画"images/top. swf",效果如图 5-30 所示。

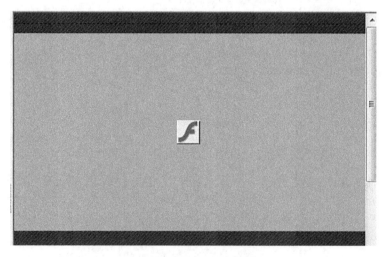

图 5-30 插入 Flash 动画

第十六步：在"属性"面板中设置该 Flash 动画的 Wmode 属性为"透明"，如图 5-31 所示。

图 5-31 设置 Flash 动画的背景透明

第十七步：执行"文件＞保存"命令，保存页面，并保存外部样式表，在浏览器中预览整个页面，可以看到插入的 Flash 动画的效果，如图 5-32 所示。

图 5-32 页面效果(4)

第十八步：光标置于页面设计视图中，在名为 top 的 DIV 后插入名为 main 的 DIV，如图 5-33 所示。

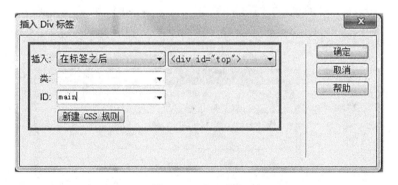

图 5-33 "插入 Div 标签"对话框(main)

第十九步：用相同方法新建 main 的 CSS 规则，即单击"新建 CSS 规则"按钮 ，弹出"新建 CSS 规则"对话框，在"选择器类型"下拉列表框中选择"ID(仅用于一个 HTML 元素)"，在"选择器名称"下拉列表框中输入 main。设置如图 5-34 所示。

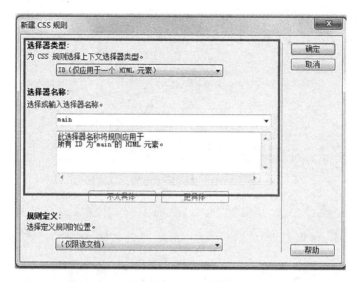

图 5 - 34　设置"新建 CSS 规则"对话框(main)

提示:在"插入 DIV 标签"对话框中,在"插入"下拉列表中的"在标签之后"是指在选择的 DIV 容器结束标签之后,也就是在选择的 DIV 容器的后面。

如果需要在某个 DIV 容器之后再插入一个 DIV 容器,除了可以在"插入 DIV 标签"对话框中的"插入"下拉列表中选择"在标签之后"选项外,还可以选中该 DIV 容器,按键盘上的右方向键,将光标移至该 DIV 容器后,在"插入"下拉列表中选择"在插入点"选项,再插入 DIV 标签。

第二十步:单击"确定"按钮,弹出"#main 的 CSS 规则定义"对话框,选择"背景"选项,对相关选项进行设置,如图 5 - 35 所示。选择"方框"选项,对相关选项进行

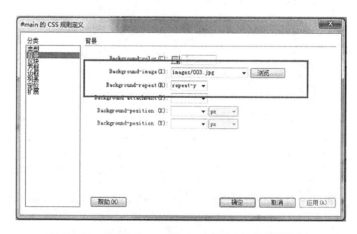

图 5 - 35　设置"♯main 的 CSS 规则定义"对话框(1)

设置,如图 5-36 设置"♯main 的 CSS 规则定义"对话框所示。页面效果如图 5-37
所示。

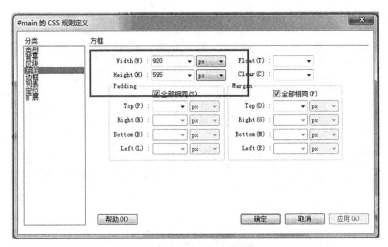

图 5-36 设置"♯main 的 CSS 规则定义"对话框(2)

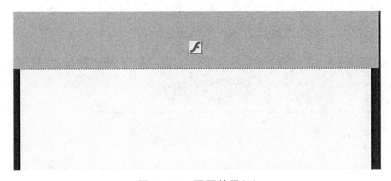

图 5-37 页面效果(5)

第二十一步:用相同方法完成相似内容,即单击"插入 Div 标签"按钮,弹出
"插入 DIV 标签"对话框,在"插入"下拉列表中选择"在插入点"选项,在 ID 下拉列
表中输入 banner,如图 5-38 所示。

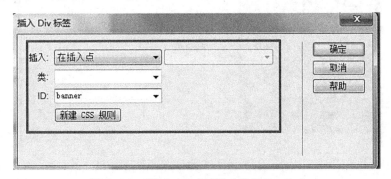

图 5-38 "插入 Div 标签"对话框(banner)

第二十二步：单击"确定"按钮，在页面中插入名为 banner 的 DIV。插入同一目录下 image 文件夹下的 banner. swf 文件，执行"文件＞保存"命令，并保存外部样式表文件，页面效果如图 5－39 所示。

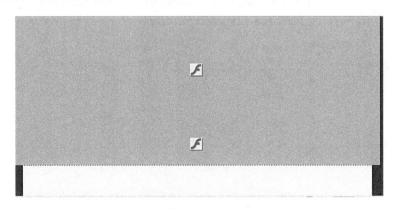

图 5－39　页面效果(6)

第二十三步：执行"文件＞保存"命令，保存页面，并保存外部样式表，在浏览器中预览整个页面，可以看到插入的 Flash 动画的效果，如图 5－40 所示。

图 5－40　页面效果(7)

第二十四步：光标移至名为 left 的 DIV 中，在该 DIV 中插入图像"image/004. jpg"，如图 5－41 所示。

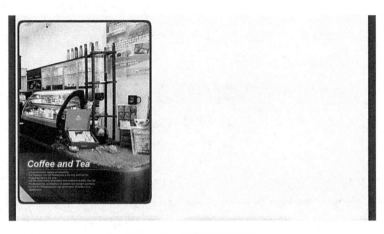

图 5－41　页面效果图(8)

第二十五步：光标置于页面设计视图中，在名为 left 的 DIV 后插入名为 right 的 DIV，如图 5-42 所示。

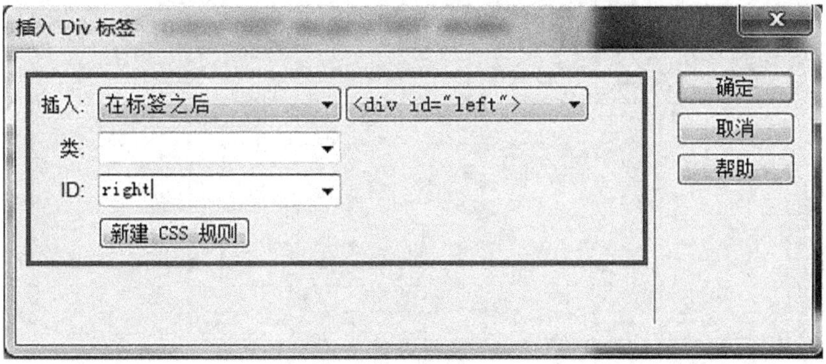

图 5-42 "插入 Div 标签"对话框(banner)

提示：在"插入 DIV 标签"对话框中，在"插入"下拉列表中选择"在开始标签之后"和选择"在结束标签之前"选项，在这里都是一样的。如果 DIV 标签中有内容，那么选择"在开始标签之后"选项，插入的 DIV 标签会在选择的 DIV 标签中的所有内容之前；如果选择"在结束标签之前"选项，插入的 DIV 标签会在选择的 DIV 标签中的所有内容之后。

第二十六步：打开"CSS 样式"面板，选择 div.css，单击"新建 CSS 规则"按钮，如图 5-43 所示。弹出"新建 CSS 规则"对话框，在"选择器类型"下拉列表框中选择"ID(仅用于一个 HTML 元素)"，在"选择器名称"下拉列表框中输入 right，单击"确定"按钮，如图 5-44 所示。

图 5-43 选择 div.css

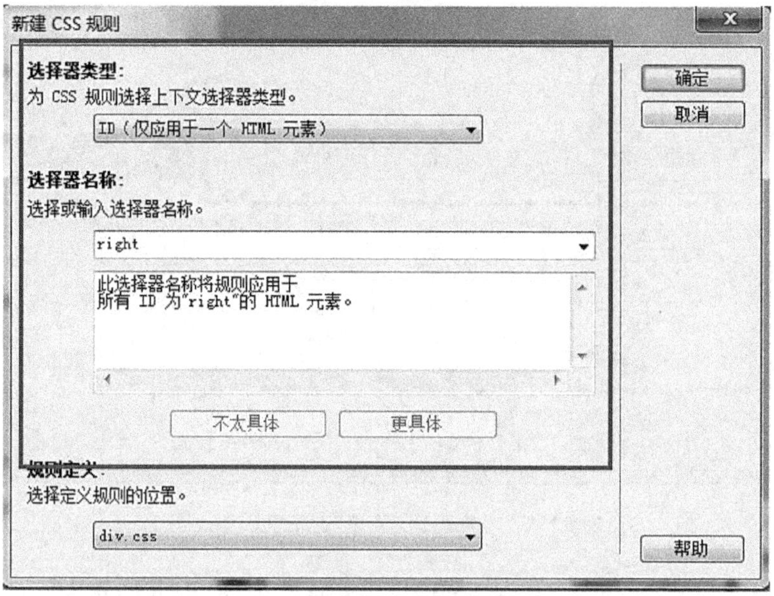

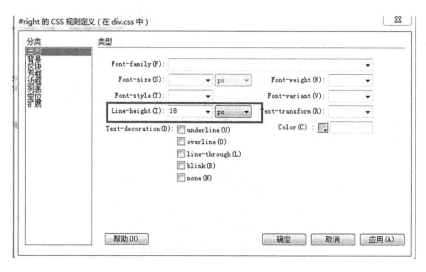

图 5 - 44　设置"新建 CSS 规则"对话框(right)

　　第二十七步：点击"确定"按钮,弹出"♯right 的 CSS 规则定义"对话框,选择"类型"选项,对 Line-height 这一选项进行设置,如图 5 - 45 所示。

图 5 - 45　设置"♯right 的 CSS 规则定义"对话框(1)

　　第二十八步：选择"背景"选项,对背景图片及对齐方式进行设置,如图 5 - 46 所示。选择"方框"选项,对相关参数选项进行设置,如图 5 - 47 所示。在 Div.css 外部样式表中规则显示如图 5 - 48 所示。

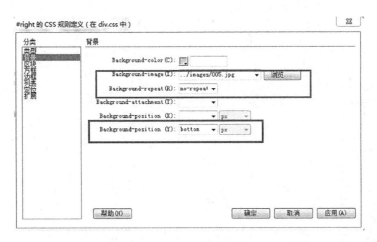

图 5 - 46 设置"♯right 的 CSS 规则定义"对话框(2)

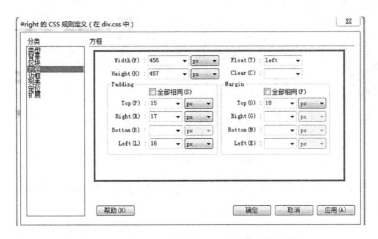

图 5 - 47 设置"♯right 的 CSS 规则定义"对话框(3)

```
#right {
    line-height: 18px;
    background-image: url(../images/005.jpg);
    background-repeat: no-repeat;
    background-position: bottom;
    float: left;
    height: 457px;
    width: 456px;
    margin-top: 18px;
    padding-top: 15px;
    padding-right: 17px;
    padding-left: 16px;
}
```

图 5 - 48 CSS 样式代码(1)

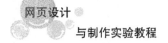

第二十九步：完成上述操作后，单击"确定"按钮，完成该 CSS 样式的设置，页面效果如图 5-49 所示。

图 5-49　页面效果(9)

第三十步：光标移至名称为 right 的 DIV 中，输入相应的文本内容，效果如图 5-50 所示。

图 5-50　页面效果(10)

第三十一步：选择 CSS 文件，单击"新建 CSS 规则"按钮，弹出"新建 CSS 规则"对话框，在"选择器类型"下拉列表框中选择"类（可用于任何 HTML 元素）"，在"选择器名称"下拉列表框中输入 font01，如图 5 - 51 所示。

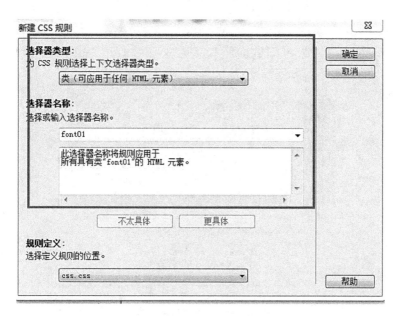

图 5 - 51 设置"新建 CSS 规则定义"对话框（font01）

第三十二步：单击"确定"按钮，弹出"CSS 规则定义"对话框，选择"类型"选项，对相关选项进行设置，如图 5 - 52 所示。在 css.css 外部样式表中规则显示如图 5 - 53 所示。

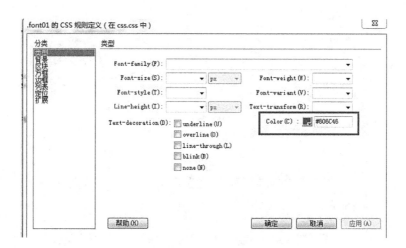

图 5 - 52 设置".font01 的 CSS 规则定义"对话框

```
.font01 {
    color: #806C46;
}
```

图 5 - 53　CSS 样式代码(2)

第三十三步：单击"确定"按钮,拖动光标选中相应文本,在"属性"面板中的"目标规则"下拉列表中选择刚定义的样式表 font01 应用,如图 5 - 54 所示,效果如图 5 - 55 所示。

图 5 - 54　选择"目标规则"(font01)

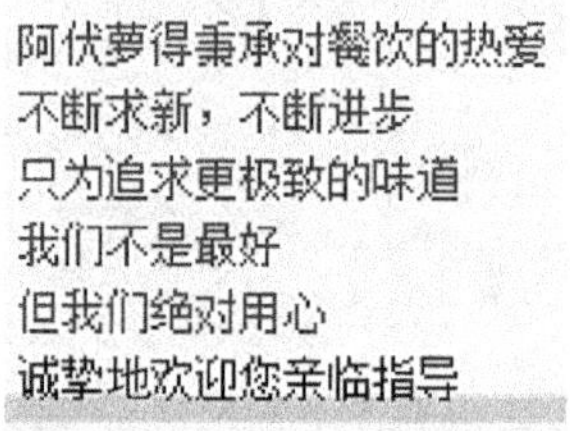

> 阿伏萝得秉承对餐饮的热爱
> 不断求新,不断进步
> 只为追求更极致的味道
> 我们不是最好
> 但我们绝对用心
> 诚挚地欢迎您亲临指导

图 5 - 55　页面效果(11)

第三十四步：新建 CSS 规则,选择"类(可用于任何 HTML 之素)"选项,在"选择器名称"下拉列表框中输入 font02,如图 5 - 56 所示。

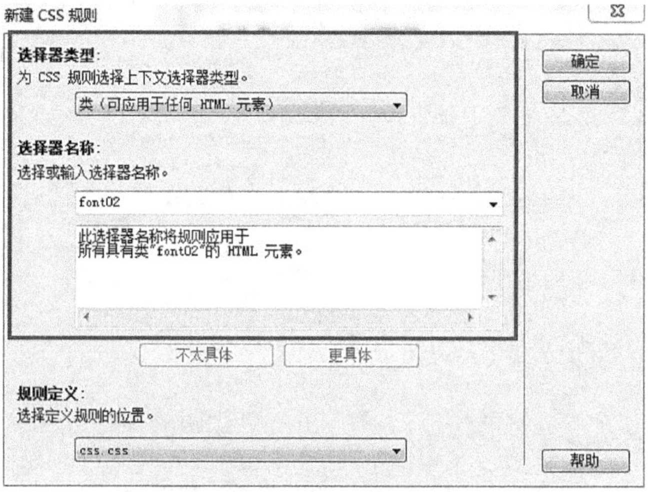

图 5 - 56　设置"新建 CSS 规则"对话框(font02)

第三十五步：单击"确定"按钮，弹出"CSS 规则定义"对话框，选择"方框"选项，对相关参数进行设置，如图 5-57 所示。在 css.css 外部样式表中规则显示如图5-58所示。

图 5-57 设置".font02 的 CSS 规则定义"对话框

```
.font02 {
    float: right;
    margin-right: 65px;
}
```

图 5-58 CSS 样式代码(3)

第三十六步：单击"确定"按钮，拖动光标选中相应的文本内容，在"属性"面板中的"目标规则"下拉列表中选择刚定义的样式表 font02 应用，如图 5-59 所示。效果如图 5-60 所示。

图 5-59 选择"目标规则"(font02)

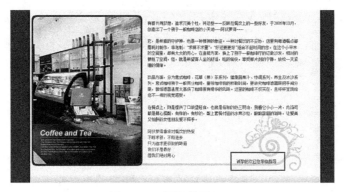

图 5-60 页面效果(12)

第三十七步：选择 div.css，单击"插入"面板中的"插入 Div 标签"按钮，在名为 right 的 DIV 后插入名为 bottom 的 DIV，如图 5-61 所示。

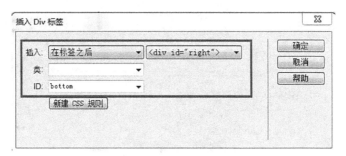

图 5-61 "插入 Div 标签"对话框(bottom)

第三十八步：新建 CSS 规则，选择"标签"选项，在"选择器名称"下拉列表框中输入 bottom，如图 5-62 所示。

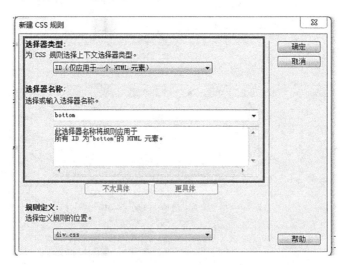

图 5-62 设置"新建 CSS 规则定义"对话框(bottom)

第三十九步：单击"确定"按钮，弹出"♯bottom 的 CSS 规则定义"对话框，选择"类型"选项，对 line-height 进行设置，如图 5－63 所示。

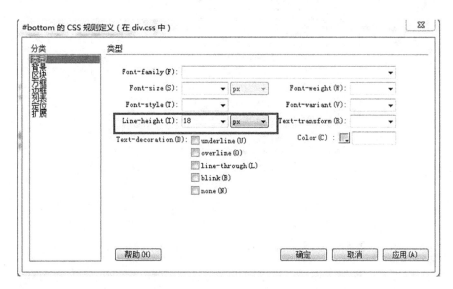

图 5－63 设置"♯bottom 的 CSS 规则定义"对话框(1)

第四十步：选择"背景"选项，对相关参数进行设置，如图 5－64 所示。

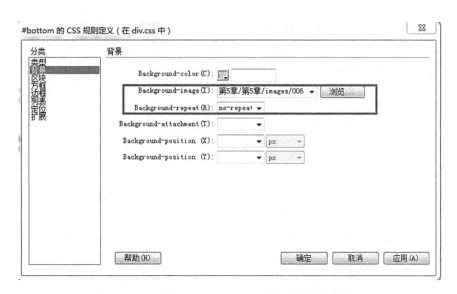

图 5－64 设置"♯bottom 的 CSS 规则定义"对话框(2)

第四十一步：选择"方框"选项，对相关参数进行设置，如图 5－65 所示。

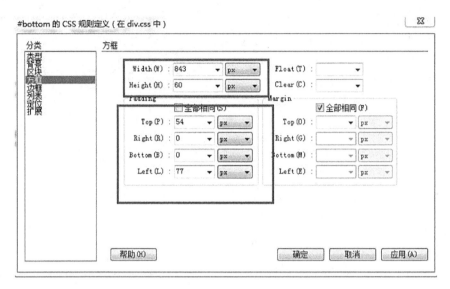

图 5 - 65　设置"♯bottom 的 CSS 规则定义"对话框(3)

第四十二步：单击"确定"，完成该 CSS 样式的设置。在 div.css 外部样式表中规则显示如图 5 - 66CSS 样式代码所示。

```
#bottom {
    line-height: 18px;
    background-image: url(../images/006.jpg);
    background-repeat: no-repeat;
    height: 60px;
    width: 843px;
    padding-top: 54px;
    padding-left: 77px;
}
```

图 5 - 66　CSS 样式代码(4)

第四十三步：完成整个页面的制作，执行"文件＞保存"命令，保存页面，并保存外部样式表文件，在浏览器中预览页面。

第6章　网页超链接

一、本章知识点

1. 超链接

所谓的超链接是指从一个网页指向一个目标的连接关系，这个目标可以是另一个网页，也可以是相同网页上的不同位置，还可以是一个图片、一个电子邮件地址、一个文件，甚至是一个应用程序。而在一个网页中用来超链接的对象，可以是一段文本或者是一个图片。当浏览者单击已经链接的文字或图片后，链接目标将显示在浏览器上，并且根据目标的类型来打开或运行。按照链接路径的不同，网页中超链接一般分为以下 3 种类型：

（1）内部链接：在同一个站点内的不同页面之间相互联系的超链接；

（2）锚点链接：可以链接到网页中某个特定位置的链接；

（3）外部链接：把网页与 Internet 中的目标相联系的链接。

如果按照使用对象的不同，网页中的链接又可以分为：文本超链接、图像超链接、E-mail 链接、锚点链接、多媒体文件链接、空链接等。

2. 利用 HTML 创建超链接

（1）页面链接：用 HTML 创建超链接需要使用 A 标记符（结束标记符</A>不能省略），它的最基本属性是 href，用于指定超链接的目标。通过为 href 指定不同的值，可以创建出不同类型的超链接。另外，在<A>和</A>之间可以用任何

可单击的对象作为超链接的源,例如文字或图像。

（2）锚记链接：如果要设置锚记超链接,首先应为页面中需要跳转到的位置命名。命名时应使用 A 标记符的 name 属性,在标记符＜A＞与＜/A＞之间可以包含内容,也可以不包含内容。

（3）电子邮件链接：如果将 href 属性的取值指定为"mailto：电子邮件地址",那么就可以获得电子邮件链接的效果。

3．利用站点地图管理超链接

（1）建立网页间的超链接：利用站点地图建立网页间的超链接的步骤如下。

① 在菜单栏中单击"站点"|"站点地图",或按 Alt＋F8 组合键打开站点窗口（按 F8 键,可快速打开 Site 窗口）;

② 选中需要链接的文件,比如"index. htm",在鼠标右键快捷菜单中选择"链接到新文件"或"链接到已有文件",即可建立网页间的超链接。

（2）解除网页间的超链接：对于不需要的链接关系,在站点地图的树状结构上可以非常轻松地解除,解除超链接的步骤如下。

① 树状结构上选择要解除链接关系的对象图标;

② 在右键快捷菜单中选择"移除链接"命令,即可解除网页间的超链接。

（3）更新超链接。

在"站点"浮动面板的站点地图上更改文件的名称与 Windows 下的操作基本相同,步骤如下。

① 首先单击选中欲更改名称的文件;

② 再次单击该文件的文件名,输入新的文件名后按一下回车键即可;

③ 当文件被更名后,系统会弹出"更新文件"对话框,询问站点中被链接的网页名称是否也作修改;

④ 在该对话框中单击"更新"按钮即可完成操作。

（4）检查超链接：Dreamweaver MX 提供"结果"浮动面板组,除了具有检查浏览器兼容性、代码兼容性等强大功能外,还可以利用它来检查甚至修改站点中的超链接。

二、【实验目的】

1．掌握简单超链接的设计能力。

2．掌握各种链接的创建及属性设置。

三、【实验内容】

（一）布局分析

本实例采用的上、中、下布局，top 是导航条和网站宣传图片，中间又分为 left、right 两部分，left 是网站公告和网站信息，right 是各种商品，bottom 部分是网站的基本信息。

（二）制作流程

首先用 DIV 搭建出页面的整体布局，然后制作出导航条，插入 Flash 动画和所需的图片，设置相应的图片样式，最后制作超链接。如图 6-1 所示。

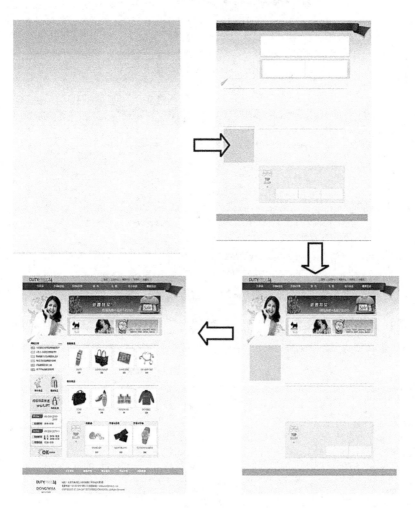

图 6-1　制作流程

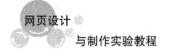

1. 执行"文件>新建"命令,新建一个空白的 HTML 页面,并保存为"4. html"。新建两个 CSS 文件,并分别保存为 div. css 和 css. css。

2. 在页面中打开"CSS 样式"面板,单击"附加样式表"按钮,将刚刚创建的两个外部样式表 div. css 和 css. css 链接到该文档中,如图 6-2、图 6-3 所示。

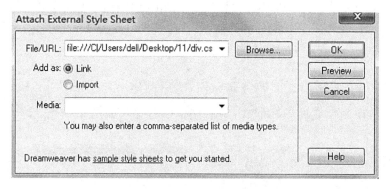

图 6-2　导入样式表

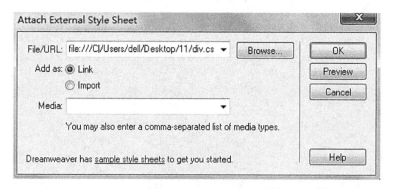

图 6-3　链接样式表

3. 转换到 css. css 文件中,创建一个名为 * 的通配符 CSS 规则,再创建一个名为 body 的标签 CSS 规则。

```
* {
  margin: 0px;
  padding: 0px;
  border: 0px;
}
body {
  font-family: "宋体";
```

```
    font-size: 12px;
    color: #2F2F2F;
    background-color: #FFFBF2;
    background-image: url(.../images/1101.gif);
    background-repeat: repeat-x;
}
```

4. 光标置于页面设计视图中，单击“插入”面板中的“插入 Div 标签”按钮，弹出“插入 DIV 标签”对话框，在“插入”下拉列表中选择“在插入点”选项，在 ID 下拉列表中输入 box，如图 6－4。单击“确定”按钮，页面效果如图 6－5 所示。

Insert Div Tag
Insert: At insertion point
Class:
ID: box
New CSS Rule
OK
Cancel
Help

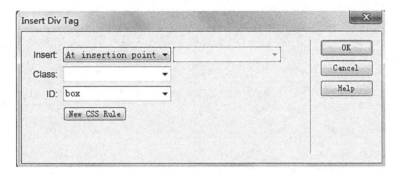

图 6－4　插入 DIV 标签

Content for id "box" Goes Here

图 6－5　页面效果

5. 转换到 div. css 文件，创建一个名为 #box 的 CSS 规则。返回设计页面，代码如下，页面效果如图 6－6 所示。

```
#box {
    height: 100%;
    width: 1003px;
}
```

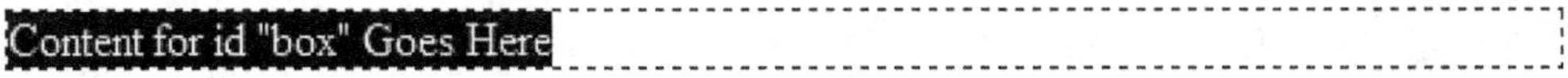

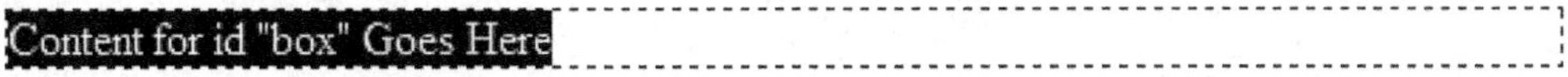

Content for id "box" Goes Here

图 6－6　页面效果

6. 在名为 box 的 DIV 中插入一个名为 logo 的 DIV，转换到 div. css 文件中，创建一个名为 #logo 的 CSS 规则。返回设计页面，代码如下，页面效果如图 6－7 所示。

```
#logo {
    float: left;
    height: 28px;
    width: 144px;
    margin-top: 13px;
    margin-left: 45px;
}
```

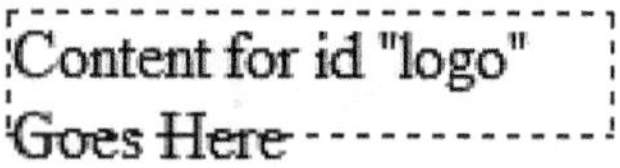

Content for id "logo" Goes Here

图 6-7 页面效果

7. 在名为 logo 的 DIV 之后插入一个名为 top_link 的 DIV,转换到 div.css 文件中,创建一个名为 #top_link 的 CSS 规则。返回设计页面,代码如下,页面效果如图 6-8 所示。

```
#top_link {
    line-height: 22px;
    color: #6C415C;
    background-image: url(../images/1102.gif);
    background-repeat: no-repeat;
    text-align: center;
    float: left;
    height: 28px;
    width: 317px;
    margin-top: 13px;
    margin-left: 300px;
}
```

Content for id "top_li... Goes Here

图 6-8 页面效果

8. 在名为 top_link 的 DIV 之后插入一个名为 menu 的 DIV,转换到 div.css 文件中,创建一个名为 #menu 的 CSS 规则。返回设计页面,代码如下,页面效果如图 6-9所示。

```
#menu {
    background-image: url(../images/1103.gif);
    background-repeat: no-repeat;
```

```
clear: left;

height: 72px;

width: 948px;

margin-top: 19px;

padding-top: 11px;

padding-left: 55px;

}
```

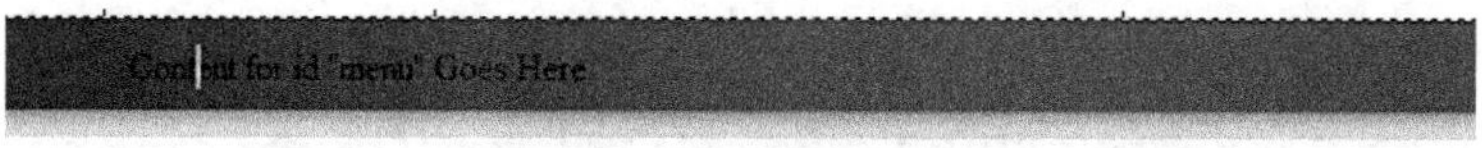

图 6 - 9　页面效果

9. 在名为 menu 的 DIV 之后插入一个名为 main 的 DIV,转换到 div. css 文件中,创建一个名为♯main 的 CSS 规则。返回设计页面,代码如下,效果如图 6 - 10 所示。

```
♯ main {
  height: 950px;

  width: 839px;

  margin-top: -19px;

  margin-left: 30px;

}
```

图 6 - 10　页面效果

10. 在名为 main 的 DIV 中插入一个名为 flash 的 DIV,转换到 div. css 文件中,创建一个名为♯flash 的 CSS 规则。返回设计页面,代码如下。

```
♯ flash {
  float: left;

  height: 229px;

  width: 251px;

}
```

11. 在名为 flash 的 DIV 之后插入一个名为 banner 的 DIV,转换到 div. css 文件中,创建一个名为 ♯banner 的 CSS 规则。返回设计页面,代码如下,页面效果如图 6-11 所示。

```
♯banner {
    float: left;
    height: 229px;
    width: 588px;
}
```

Content for id "banner" Goes Here

图 6-11　页面效果

12. 在名为 banner 的 DIV 中插入一个名为 banner1 的 DIV,转换到 div. css 文件中,创建一个名为 ♯banner1 的 CSS 规则。返回设计页面,代码如下,页面效果如图 6-12 所示。

```
♯banner1 {
    background-image: url(.../images/1104.gif);
    background-repeat: no-repeat;
    height: 110px;
    width: 579px;
    margin-bottom: 10px;
    padding-top: 7px;
    padding-left: 9px;
}
```

Content for id "banner1" Goes Here

图 6 - 12　页面效果

13. 在名为 banner1 的 DIV 之后插入一个名为 banner2 的 DIV,转换到div.css文件中,创建一个名为 ♯banner2 的 CSS 规则。返回设计页面,代码如下,页面效果如图 6 - 13 所示。

```
♯banner2 {
    background-image：url(.../images/1105.gif)；
    background-repeat：no-repeat；
    height：91px；
    width：565px；
    padding-top：11px；
    padding-left：23px；
}
```

Content for id "banner2" Goes Here

图 6 - 13　页面效果

14. 在名为 banner 的 DIV 之后插入一个名为 line 的 DIV,转换到 div.css 文件中,创建一个名为 ♯line 的 CSS 规则。返回设计页面,代码如下,页面效果如图 6 - 14 所示。

```
♯line {
    background-image：url(.../images/1106.gif)；
    background-repeat：no-repeat；
    height：43px；
    width：839px；
```

```
  clear：left；
}
```

Content for id "line" Goes Here

图 6-14　页面效果

15. 在名为 line 的 DIV 之后插入一个名为 left 的 DIV，转换到 div. css 件中，创建一个名为 #left 的 CSS 规则。返回设计页面，代码如下，页面效果如图 6-15 所示。

Content for id "left" Goes Here

图 6-15　页面效果

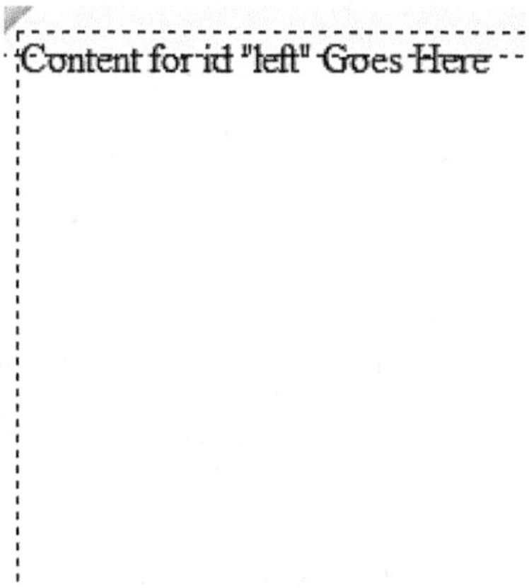

```
#left {
  height：686px；
  width：200px；
  margin-top：-8px；
  margin-left：19px；
  float：left；
}
```

16. 删除多余的文字，在名为 left 的 DIV 中插入一个名为 notice_title 的 DIV，转换到 div. css 文件中，创建一个名为 #notice_title 的 CSS 规则。返回设计页面，代码如下，页面效果如图 6-16 所示。

```
#notice_title {
  line-height：16px；
  font-weight：bold；
  color：#000000；
  height：16px；
  width：194px；
  padding-left：6px；
  border-bottom-width：4px；
  border-bottom-style：solid；
  border-bottom-color：#E7E0CE；
}
```

此处显示 id "notice_title" 的内容

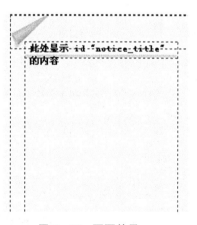

图 6-16　页面效果

17. 在名为 notice_title 的 DIV 之后插入一个名为 notice 的 DIV,转换到div.css 文件中,创建一个名为♯notice 的 CSS 规则。返回设计页面,代码如下,页面效果如图 6-17 所示。

```
♯notice {
    line-height: 24px;
    height: 154px;
    width: 200px;
    margin-bottom: 6px;
}
```

图 6-17　页面效果

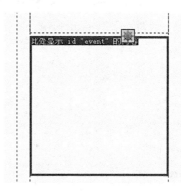

图 6-18　页面效果

18. 在名为 notice 的 DIV 之后插入一个名为 event 的 DIV,转换到 div.css 文件中,创建一个名为♯event 的 CSS 规则。返回设计页面,代码如下,效果如图 6-18 所示。

```
♯event {
    height: 198px;
    width: 200px;
}
```

19. 在名为 event 的 DIV 之后插入一个名为 time 的 DIV 和一个名为 pic 的 DIV,转换到 div.css 文件中,创建相应的 CSS 规则。返回设计页面,代码如下,效果如图 6-19 所示。

```
♯time {
    background-color: ♯E7E2CF;
```

```
height: 190px;

width: 200px;

margin-bottom: 5px;

}

#pic {

height: 50px;

width: 200px;

}
```

图 6 - 19　页面效果

20. 在名为 left 的 DIV 之后插入一个名为 right 的
DIV,转换到 div.css 文件中,创建一个名为#right 的 CSS 规则。返回设计页面,
代码如下,效果如图 6 - 20 所示。

```
#right {

float: left;

height: 686px;

width: 570px;

margin-top: -8px;

margin-left: 30px;

}
```

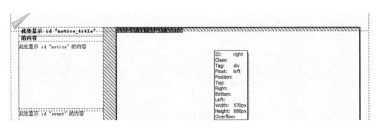

图 6 - 20　页面效果

21. 在名为 right 的 DIV 之后插入一个名为 new_title 的 DIV,转换到 div.css
文件中,创建一个名为#new_title 的 CSS 规则。返回设计页面,代码如下,效果如
图 6 - 21 所示。

```
#new_title {

line-height: 16px;

font-weight: bold;
```

```
color：#000000；

height：16px；

width：570px；

border-bottom-width：4px；

border-bottom-style：solid；

border-bottom-color：#E7E0CE；

}
```

图 6 - 21　页面效果

22. 在名为 new_title 的 DIV 之后插入一个名为 new1 的 DIV，转换到 div. css 文件中，创建一个名为#new1 的 CSS 规则。返回设计页面，代码如下，效果如图 6 - 22 所示。

```
#new1 {

line-height：18px；

font-weight：bold；

text-align：center；

float：left；

height：160px；

width：140px；

margin-top：12px；

margin-left：5px；

}
```

图 6 - 22　页面效果

23. 在名为 new1 的 DIV 之后插入一个名为 new2 的 DIV，转换到 div. css 文件中，创建一个名为#new2 的 CSS 规则。返回设计页面，代码如下，效果如图 6 - 23 所示。

```
#new2 {

line-height：18px；

font-weight：bold；
```

```
    text-align：center；

    float：left；

    height：160px；

    width：140px；

    margin-top：12px；

}
```

图 6－23　页面效果

24.

（1）在名为 new2 的 DIV 之后插

入一个名为 new3 的 DIV，转换到 div. css 文件中，创建一个名为♯new3 的 CSS 规则。返回设计页面，代码如下，效果如图 6－24 所示。

```
♯new3 {

    line-height：18px；

    font-weight：bold；

    text-align：center；

    float：left；

    height：160px；

    width：140px；

    margin-top：12px；

}
```

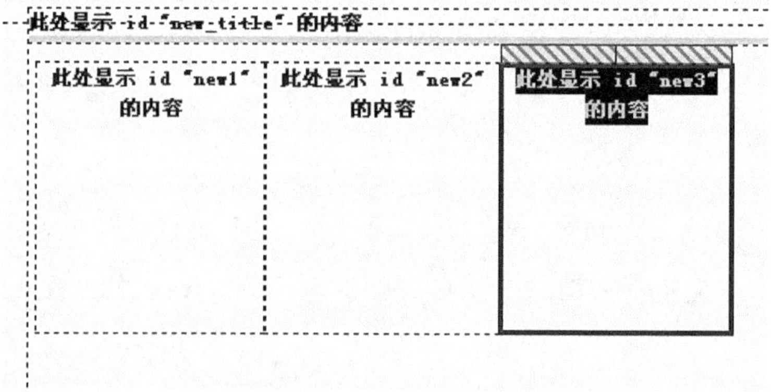

图 6－24　页面效果

（2）在名为 new3 的 DIV 之后插入一个名为 new4 的 DIV，转换到 div. css 文件中，创建一个名为 ♯new4 的 CSS 规则。返回设计页面，代码如下，效果如图 6 - 25 所示。

```
♯new4 {
    line-height：18px；
    font-weight：bold；
    text-align：center；
    float：left；
    height：160px；
    width：140px；
    margin-top：12px；
}
```

图 6 - 25　页面效果

25. 在名为 new4 的 DIV 之后插入一个名为 sale_title 的 DIV，转换到 div. css 文件中，创建一个名为 ♯sale_title 的 CSS 规则。返回设计页面，代码如下，页面效果如图 6 - 26 所示。

```
♯sale_title {
    line-height：16px；
    font-weight：bold；
    clear：left；
    height：16px；
    width：570px；
    padding-top：18px；
    border-bottom-width：4px；
    border-bottom-style：solid；
```

```
border-bottom-color: #E7E0CE;
}
```

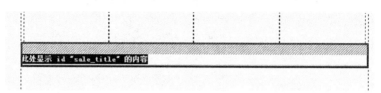

图 6 - 26 页面效果

26. 本块 DIV 制作步骤如下：

（1）在名为 sale_title 的 DIV 之后插入一个名为 sale1 的 DIV,转换到 div.css 文件中,创建一个名为 #sale1 的 CSS 规则。返回设计页面,代码如下,效果如图 6 - 27 所示。

```
#sale1 {
    line-height: 18px;
    font-weight: bold;
    text-align: center;
    float: left;
    height: 160px;
    width: 140px;
    margin-top: 12px;
    margin-left: 5px;
}
```

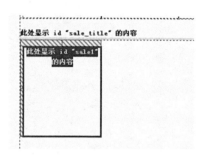

图 6 - 27 页面效果

（2）在名为 sale1 的 DIV 之后插入一个名为 sale2 的 DIV,转换到 div.css 文件中,创建一个名为 #sale2 的 CSS 规则。返回设计页面,代码如下,效果如图 6 - 28 所示。

```
#sale2 {
    line-height: 18px;
    font-weight: bold;
    text-align: center;
    float: left;
    height: 160px;
    width: 140px;
```

图 6 - 28 页面效果

```
margin-top：12px；
}
```

（3）在名为 sale2 的 DIV 之后插入一个名为 sale3 的 DIV，转换到 div.css 文件中，创建一个名为♯sale3 的 CSS 规则。返回设计页面，代码如下，页面效果如图 6－29 所示。

```
♯sale3 {
    line-height：18px；
    font-weight：bold；
    text-align：center；
    float：left；
    height：160px；
    width：140px；
    margin-top：12px；
}
```

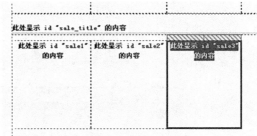

图 6－29　页面效果

（4）在名为 sale3 的 DIV 之后插入一个名为 sale4 的 DIV，转换到 div.css 文件中，创建一个名为♯sale4 的 CSS 规则。返回设计页面，代码如下，效果如图 6－30 所示。

```
♯sale4 {
    line-height：18px；
    font-weight：bold；
    text-align：center；
    float：left；
    height：160px；
    width：140px；
    margin-top：12px；
}
```

图 6－30　页面效果

27. 在名为 sale4 的 DIV 之后插入一个名为 top_bg 的 DIV，转换到 div.css 文件中，创建一个名为♯top_bg 的 CSS 规则。返回设计页面，代码如下，页面效果如图 6－31所示。

```
♯top_bg {
    background-image：url(.../images/1107.gif)；
```

```
background-repeat: no-repeat;

background-position: left 24px;

height: 200px;

width: 458px;

padding-top: 24px;

padding-left: 112px;

}
```

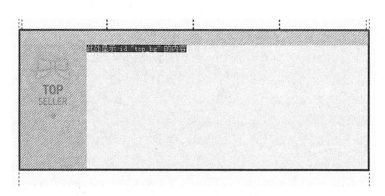

图 6-31　页面效果

28. 在名为 top_bg 的 DIV 中插入一个名为 top1 的 DIV,转换到 div. css 文件中,
创建一个名为♯top1 的 CSS 规则。返回设计页面,代码如下,页面效果如图 6-32
所示。

```
♯top1 {

line-height: 25px;

color: ♯000000;

float: left;

height: 187px;

width: 150px;

}
```

图 6-32　页面效果

29. 在名为 top1 的 DIV 之后插入一个名为 top2 的 DIV,转换到 div. css 文件中,
创建一个名为♯top2 的 CSS 规则。返回设计页面,代码如下,页面效果如图 6-33
所示。

```
♯top2 {

line-height: 25px;
```

```
color：#000000；

float：left；

height：187px；

width：150px；

}
```

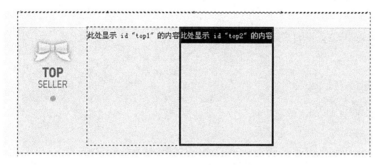

图6-33 页面效果

30. 在名为 top2 的 DIV 之后插入一个名为 top3 的 DIV,转换到 div. css 文件中,创建一个名为♯top3 的 CSS 规则。返回设计页面,代码如下,页面效果如图 6-34 所示。

```
♯top3 {

line-height：25px；

color：#000000；

float：left；

height：187px；

width：150px；

}
```

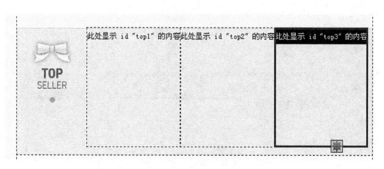

图6-34 页面效果

31. 在名为 main 的 DIV 之后插入一个名为 link 的 DIV,转换到 div.css 文件中,创建一个名为♯link 的 CSS 规则。返回设计页面,代码如下,效果如图 6 - 35 所示。

```
♯link {
    line-height: 37px;
    color: ♯FFFFFF;
    background-color: ♯CBBDA2;
    height: 37px;
    padding-left: 240px;
    font-weight: bold;
}
```

图 6 - 35   页面效果

32. 在名为 link 的 DIV 之后插入一个名为 bottom 的 DIV,转换到 div.css 文件中,创建一个名为♯bottom 的 CSS 规则。返回设计页面,代码如下,效果如图 6 - 36 所示。

```
♯bottom {
    line-height: 20px;
    color: ♯555756;
    height: 90px;
    width: 622px;
    margin-left: 88px;
    margin-top: 12px;
}
```

图 6 - 36   页面效果

33. 光标移至名为 logo 的 DIV 中,删除多余的文字,在该 DIV 中插入图像"1108. gif",效果如图 6－37所示。光标移至名为 top_link 的 DIV 中,在该 DIV 中输入相应的文本,效果如图 6－38 所示。

图 **6－37** 页面效果

图 **6－38** 页面效果

34. 转换到代码视图,在名为 top_link 的 DIV 中添加相应的代码,如下所示。

＜div id=" top_link "＞登录＜span＞|＜/span＞会员中心＜span＞|＜/span＞帮助中心＜span＞|＜/span＞购物车＜span＞|＜/span＞收藏夹＜/div＞

35. 转换到 div. css 文件,创建一个名为 ♯top_link span 的 CSS 规则。返回设计页面,代码如下,效果如图 6－39 所示。

```
♯top_link span {
  color: ♯3F3B2F;
  margin-right: 10px;
  margin-left: 10px;
}
```

图 **6－39** 页面效果

36. 光标移至名为 menu 的 DIV 中,删除多余的文字,在该 DIV 中插入相应的图像,转换到 div. css 文件,创建一个名为 ♯menu img 的 CSS 规则。返回设计页面,代码如下,效果如图 6－40 所示。

```
♯menu img {
  margin-right: 25px;
  margin-left: 25px;
}
```

图 **6－40** 页面效果

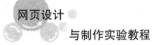
37. 光标移至名为 flash 的 DIV 中,在该 DIV 中插入 flash 动画"pop. swf",效果如图 6-41 所示。光标移至名为 banner1 的 DIV 中,删除多余的文字,在该 DIV 中插入图像"1116. gif",效果如图 6-42 所示。

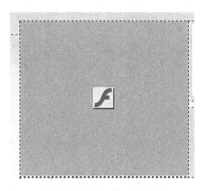

图 6-41　页面效果

图 6-42　页面效果

38. 光标移至名为 banner2 的 DIV 中,删除多余的文字,在该 DIV 中插入图像"1117. gif"和"1118. gif",转换到 div. css 文件,创建一个名为♯banner2 img 的 CSS 规则。返回设计页面,代码如下,效果如图 6-43 所示。

```
♯banner2 img{
    margin-right: 12px;
}
```

图 6-43　页面效果

39. 光标移至名为 notice_title 的 DIV 中,输入相应的文本,在该 DIV 中插入图像"1119. gif",转换到 div. css 文件,创建一个名为♯notice_title img 的 CSS 规则。返回设计页面,代码如下,效果如图 6-44 所示。

```
♯notice_title img {
    margin-left: 113px;
}
```

图 6-44　页面效果

40. 光标移至名为 notice 的 DIV 中,在该 DIV 中插入相应的图像"1120. gif"和"1121. gif",效果如图 6-45 所示。并输入相应的文本,转换到 div. css 文件,创建一个名为♯notice img 的 CSS 规则。返回设计页面,代码如下,效果如图 6-46所示。

```
♯notice img {
    float: left;
    margin-top: 5px;
    margin-right: 8px;
    margin-left: 5px;
}
```

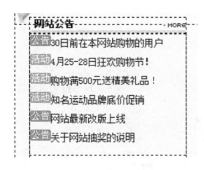

图 6-45　页面效果

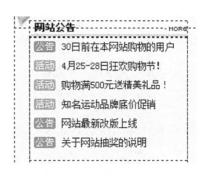

图 6-46　页面效果

41. 光标移至名为 event 的 DIV 中,删除多余的文字,在该 DIV 中插入相应的图像"1122. gif"和"1123. gif",转换到 div. css 文件,创建一个名为♯event img 的 CSS 规则。返回设计页面,代码如下,效果如图 6-47 所示。

```
♯event img {
```

```
margin-bottom: 5px;

}
```

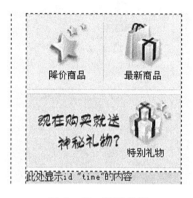

图 6-47 页面效果

图 6-48 页面效果

42. 光标移至名为 time 的 DIV 中,删除多余的文字,在该 DIV 中插入相应的图像"1124. gif"和"1125. gif",转换到 div. css 文件,创建一个名为 ♯ time img 的 CSS 规则。返回设计页面,代码如下,效果如图 6-48 所示。

```
♯ time img {

margin-top: 6px;

margin-left: 6px;

}
```

43. 光标移至名为 pic 的 DIV 中,删除多余的文字,在该 DIV 中插入相应的图像"1126. gif",效果如图 6-49 所示。

图 6-49 页面效果

44. 光标移至名为 new_title 的 DIV 中,删除多余的文字,在该 DIV 中输入相应的文本,效果如图 6-50 所示。

图 6-50 页面效果

45. 光标移至名为 new1 的 DIV 中,在该 DIV 中插入图像"1127. gif",并输入相应的文本,转换到 div. css 文件,创建一个名为 ♯ new1 img 的 CSS 规则。返回设计页面,代码如下,效果如图 6-51 所示。

```
#new1 img {
    border: 1px solid #E8DFCE;
}
```

46. 转换到 css.css 文件,创建一个名为".font01"的类 CSS 规则,如返回设计页面,选择商品名称,在"属性"面板中的"类"下拉列表中选择 font01 应用,代码如下所示。

```
.font01 {
    color: #D45170;
}
```

图 6-51　页面效果

47. 光标移至名为 new2 的 DIV 中,在该 DIV 中插入图像"1128.gif",并输入相应的文本,转换到 div.css 文件,创建一个名为 #new2 img 的 CSS 规则,选择商品名称,在"属性"面板中的"类"下拉列表中选择 font01 应用,代码如下所示。

```
#new2 img {
border: 1px solid #E8DFCE;
}
```

48. 光标移至名为 new3 的 DIV 中,在该 DIV 中插入图像"1129.gif",并输入相应的文本,转换到 div.css 文件,创建一个名为 #new3 img 的 CSS 规则。返回设计页面,效果如图 6-52 所示。选择商品名称,在"属性"面板中的"类"下拉列表

图 6-52　页面效果

中选择 font01 应用,效果如图 6-53 所示。

```
#new3 img {
    border: 1px solid #E8DFCE;
}
```

图 6-53 页面效果

49. 光标移至名为 new4 的 DIV 中,在该 DIV 中插入图像"1130. gif",并输入相应的文本,转换到 div. css 文件,创建一个名为 #new4 img 的 CSS 规则,代码如下。返回设计页面,选择商品名称,在"属性"面板中的"类"下拉列表中选择 font01 应用,效果如图 6-54 所示。

```
#new4 img {
    border: 1px solid #E8DFCE;
}
```

图 6-54 页面效果

50. 光标移至名为 sale_title 的 DIV 中,删除多余的文字,在该 DIV 中输入相应的文本,效果如图 6-55 所示。

特价商品			
此处显示id "sale1"的内容	此处显示id "sale2"的内容	此处显示id "sale3"的内容	此处显示id "sale4"的内容

图 6-55　页面效果

51. 光标移至名为 sale1 的 DIV 中,在该 DIV 中插入图像"1131. gif",并输入相应的文本,转换到 div. css 文件,创建一个名为#sale1 img 的 CSS 规则。返回设计页面,效果如图 6-56 至图 6-58 所示。

图 6-56　页面效果

图 6-57　页面效果

图 6-58　页面效果

52. 光标移至名为 sale2 的 DIV 中,在该 DIV 中插入图像"1132. gif",并输入相应的文本,转换到 div. css 文件,创建一个名为#sale2 img 的 CSS 规则。返回设计页面,代码如下,效果如图 6-59 至图 6-60 所示。

```
#sale2 img {
    border: 1px solid #E8DFCE;
}
```

图 6-59　页面效果

图 6-60　页面效果

53. 光标移至名为 sale3 的 DIV 中,在该 DIV 中插入图像"1133. gif",并输入相应的文本,转换到 div. css 文件,创建一个名为♯sale3 img 的 CSS 规则。返回设计页面,代码如下,效果如图 6-61、图 6-62 所示。

```
♯sale3 img{
    border: 1px solid ♯E8DFCE;
}
```

图 6-61　页面效果

图 6-62　页面效果

54. 光标移至名为 sale4 的 DIV 中,在该 DIV 中插入图像"1134. gif",并输入相应的文本,转换到 div. css 文件,创建一个名为♯sale4 img 的 CSS 规则。返回设计页面,代码如下,效果如图 6-63 至图 6-65 所示。

```
♯sale4 img{
    border: 1px solid ♯E8DFCE;
}
```

图 6-63　页面效果

图 6-64　页面效果

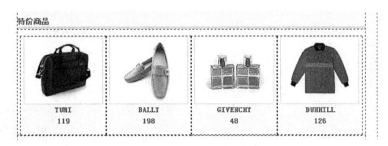

图 6-65　页面效果

55. 在名为 top1 的 DIV 中插入一个名为 top1_pic 的 DIV,转换到 div.css 文件中,创建一个名为♯top1_pic 的 CSS 规则。返回设计页面,代码如下,效果如图 6-66 所示。

```
♯top1_pic {
    line-height: 24px;
    color: ♯000000;
    height: 134px;
    width: 145px;
    front-weight: bold;
}
```

图 6-66　页面效果

56. 光标移至名为 top1_pic 的 DIV 中,在该 DIV 中插入文本"化妆品"并插入图像"1135.gif",转换到 div.css 文件,创建一个名为♯top1_pic img 的 CSS 规则。返回设计页面,代码如下,效果如图 6-67 效果图所示。

```
♯top1_pic img {
    border: 1px solid ♯E6E0CD;
}
```

57. 在名为 top1_pic 的 DIV 后插入一个名为 top1_list 的 DIV,转换到 div.css 文件中,创建一个名为♯top1_list 的 CSS 规则。返回设计页面,代码如下,效果如图 6-68 效果图所示。

图 6-67　页面效果

```
♯top1_list {
    line-height: 25px;
}
```

```
font-weight: bold;

color: #343434;

background-image: url(.../images/1136.gif);

background-repeat: repeat-x;

text-align: center;

height: 52px;

width: 145px;

border-right-width: 1px;

border-bottom-width: 1px;

border-left-width: 1px;

border-right-style: solid;

border-bottom-style: solid;

border-left-style: solid;

border-right-color: #E6E0CD;

border-bottom-color: #E6E0CD;

border-left-color: #E6E0CD;
}
```

图 6-68　页面效果

58. 光标移至名为 top1_list 的 DIV 中,删除多余的文字,输入文本"GUERLAIN"和价格"133",选中商品名称,在"属性"面板中的"类"下拉列表中选中 font01 应用,页面效果如图 6-69 所示。

图 6-69　页面效果

59. 在名为 top1 的 DIV 后插入一个名为 top2 的 DIV,转换到 div.css 文件中,创建一个名为 #top2_pic 的 CSS 规则。返回设计页面,代码如下,效果如图 6-70 所示。

```
#top2_pic {
    line-height: 24px;
    color: #000000;
    height: 134px;
    width: 145px;
    font-weight: bold;
}
```

图 6 - 70　页面效果

60. 光标移至名为 top2_pic 的 DIV 中,在该 DIV 中插入文本"手袋 & 包包"并插入图像"1137. gif",转换到 div. css 文件,创建一个名为#top2_pic img 的 CSS 规则。返回设计页面,代码如下,效果如图 6 - 71 所示。

```
#top2_pic img {
    border: 1px solid #E6E0CD;
}
```

图 6 - 71　页面效果

61. 在名为 top2_pic 的 DIV 后插入一个名为 top2_list 的 DIV,转换到 div. css 文件中,创建一个名为#top2_list 的 CSS 规则。返回设计页面,代码如下,效果如

图 6-72 所示。

```
#top2_list {
    line-height: 25px;
    font-weight: bold;
    color: #343434;
    background-image: url(.../images/1136.gif);
    background-repeat: repeat-x;
    text-align: center;
    height: 52px;
    width: 145px;
    border-right-width: 1px;
    border-bottom-width: 1px;
    border-left-width: 1px;
    border-right-style: solid;
    border-bottom-style: solid;
    border-left-style: solid;
    border-right-color: #E6E0CD;
    border-bottom-color: #E6E0CD;
    border-left-color: #E6E0CD;
}
```

图 6-72 页面效果

62. 光标移至名为 top2_list 的 DIV 中,删除多余的文字,输入文本"TECHNO MARINE"和价格"280",选中商品名称,在"属性"面板中的"类"下拉列表中选中 font01 应用,页面效果如图 6-73 所示。

图 6-73 页面效果

63. 相同方法完成 top3_pic 的制作,最后效果如图 6－74 所示。

图 6－74　页面效果

64. 光标移至名为 link 的 DIV 中,删除多余的文字,在该 DIV 中输入文本"关于我们版权声明联系我们网站声明来购联盟"。转换到视码图,在名为 link 的 DIV 中添加相应的代码,如下所示。

<div id="link"><span>关于我们</span><span>版权声明</span><span>联系我们</span><span>网站声明</span><span>来购联盟</span></div>

转换到 div.css 文件,创建一个名为＃link span 的 CSS 规则。返回设计页面,代码如下,效果如图 6－75 所示。

```
＃link span {
  margin-right:30px;
  margin-left:30px;
}
```

图 6－75　页面效果

65. 光标移至名为 bottom 的 DIV 中,插入图像"1139. gif"。删除多余的文字,在该 DIV 中输入文本"地址:北京市海淀区上地信息路 22 号实创大厦 8 层;客服电话:010-82780078 转 1234 客服邮箱:webmaster@intojoy. com;COPYRIGHT（C）2004-2007 DUTYFREE24 DONGWHA. All Rights Reserved. ",如图 6－76 所示。

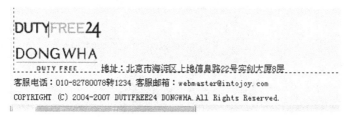

图 6-76 页面效果

66. 转换到 div.css 文件，创建一个名为 #bottom img 的 CSS 规则。返回设计页面，代码如下，效果如图 6-77 所示。

```
#bottom img {

  float: left;

  margin-right: 35px;

}
```

图 6-77 页面效果

67. 完成页面制作，执行"文件＞保存"命令，保存页面，并保存外部样式表文件，在浏览器中浏览整个页面，如图 6-78 所示。

图 6-78 页面效果

第7章 综合案例

一、本章知识点

综合运用 HTML、CSS 等知识点进行网页设计。

二、实验目的

1. 掌握 DIV＋CSS 的综合应用。

2. 熟练应用各个知识点。

三、实验内容

（一）布局分析

本次网页主要使用的布局类型为上中下型，这种类型非常常见，可用在大部分的网站上，box 是整个页面中的容器，top 用来宣传家乡的旅游景点的风光，main 是主体的内容，bottom 中的是网站中的一些基本信息。

（二）制作流程

网页首页的制作过程如下：

1. 执行"文件＞新建"命令，新建一个空白页面，并保存为 C：\Documents and Settings\Administrator\桌面\网页设计期末作业\首页。转换到代码视图中，在页面头部定义 body 标签的 CSS 样式。

```
body{
    background-color:#2286c6;
    margin: 0px;
    padding:0px;
    text-align:center;
    font-size:12px;
    font-family:Arial, Helvetica, sans-serif;
}
```

2. 插入一个名为 container 的 DIV,并且设置其 CSS 样式。

```
#container{
    position:relative;
    margin:0px auto 0px auto;
    width:780px;
    text-align:left;
}
```

3. 插入一个名为 banner 的 DIV,设置其 CSS 样式,并插入图片。

```
<div id="banner"><img src="image/go.jpg"
width="780" Height="150" /></div>
```

4. 插入 globallink、globallink ul、globallink li、globallink a 的 DIV ,设置其 CSS 样式,并且设置符合浏览效果。

```
#globallink{
    margin:0px; padding:0px;
}
#globallink ul{
    list-style:none;
    padding:0px; margin:0px;
}
#globallink li{
    float:left;
    text-align:center;
    width:78px;
}
#globallink a{
    display:block;
    padding:9px 6px 11px 6px;
    background:url(button1.jpg) no-repeat;
    margin:0px;
}
#globallink a:link, #globallink a:visited{
    color:#004a87;
    text-decoration:underline;
}
#globallink a:hover{
    color:#FFFFFF;
    text-decoration:underline;
    background:url(button1_bg.jpg) no-repeat;
}
```

5. 输入相关信息。

```
        <li><a href="#">首页</a></li>
        <li><a href="../杭州/1-1.html">
天堂-杭州</a></li>
        <li><a href=
../陈景炜-上海/1.html">都市-上海</a>
        <li><a href="../苏州/index.html">
江南-苏州</a>
        <li><a href=
../网页作业/traveljx.html">锦绣-嘉兴</a></li>
        <li><a href=
../网页作业/travelhz.html">文化-湖州</a></li>
        <li><a href="#">摄影摄像</a></li>
        <li><a href="#">游记精选</a></li>
        <li><a href="#">相关链接</a></li>
        <li><a href="#">雁过留声</a></li>
    </ul>
      <br>
    </div>
```

6. 插入一个名为 left 的 DIV,设置其 CSS 样式,并在其中插入一个名为 weather 的 DIV,并且设置其 CSS 样式。

```
#left{
    float:left;
    width:200px;
    background-color:#FFFFFF;
    margin:0px;
    padding:0px 0px 5px 0px;
    color:#d8ecff;
}
#left div{
    background-color:#5ea6eb;
    margin:0px 5px 0px 5px;
}
#weather{
    background:url(weather.jpg) no-repeat -5px
 0px;
    margin:0px 5px 0px 5px;
    background-color:#5ea6eb;
```

7. 设置 left 和 weather 的效果。

```
div#left #weather h3{
    font-size:12px;
    padding:24px 0px 0px 74px;
    color:#FFFFFF;
    background:none;
    margin:0px;
}
div#weather ul{
    margin:8px 5px 0px 5px;
    padding:10px 0px 8px 5px;
    list-style:none;
}
#weather ul li{
    background:url(icon1.gif) no-repeat 0px
6px;
    padding:1px 0px 0px 10px;
}
#left div h3{
    font-size:12px;
    padding:4px 0px 2px 15px;
    color:#003973;
    margin:0px 0px 5px 0px;
    background:#bbddff url(icon2.gif)
no-repeat 5px 7px;
}
```

8. 插入相关信息。

```
                <ul>
                    <li>杭州   
多云   2 ~ 16℃</li>
                    <li>上海   
多云
3 ~ 14℃</li>
                    <li>苏州   
多云转阴
3 ~ 13℃</li>
                    <li>嘉兴   
多云
2 ~ 14℃</li>
                    <li>湖州   
多云
0 ~ 13℃</li>
                </ul>
```

9. 插入一个名为 today 的 DIV 并且设置其效果。

```
#today{
    padding:0px 0px 10px 0px;
}
#today ul{
    list-style:none;
    margin:-5px 0px 0px 0px;
    padding:0px;
}
#today ul li{
    text-align:center;
}
#today ul li img{
    border:1px solid #FFFFFF;
    margin:8px 0px 0px 0px;
}
#today ul li a:link, #today ul li a:visited{
    color:#d8ecff;
    text-decoration:none;
}
#today ul li a:hover{
    color:#FFFF00;
    text-decoration:underline;
}
```

10. 插入相关信息。

```
        <h3><span>秀色可餐</span></h3>
        <ul>
            <li><img src="image/wz.jpg"
idth="150" height="100" /></li>
            <li><a href="#">乌镇</a></li>
            <li><a href="#"><img src=
image/nx_副本.jpg" width="150" height="100" /
</a></li>
            <li><a href="#">南浔</a></li>
            <li><a href="#"><img src=
image/xh.jpg" width="150" height="100" /></li

            <li><a href="#">西湖</a></li>
        </ul>
        <br>
```

11. 插入一个名为 middle 的 DIV,里面再插入名为 beauty 的 DIV,并且设置效果。

```
    <div id="middle">
        <div id="ghost"><a href="#" title=
"明珠塔"><img src="image/mz.jpg" width="390"
height="260" /></a></div>
        <div id="beauty">
            <h3><span>美景寻踪</span></h3>
            <ul>
                <li><a href="#"><img src=
"image/sz.jpg" width="82" height="123" /></a>
</li>
                <li><a href="#"><img src=
"image/sh.jpg" width="82" height="123" /></a>
</li>
                <li><a href="#"><img src=
"image/jx.jpg" width="82" height="123" /></a>
</li>
                <li><a href="#"><img src=
"image/hz.jpg" width="82" height="123" /></a>
</li>
            </ul>
            <br>
        </div>
```

12. 在 beauty 后插入 route 的 DIV,并且设置其 CSS 样式。

```
#route{
    clear:both; margin:0px;
    padding:5px 0px 15px 0px;
}
#route h3{
    background:url(route_h1.gif) no-repeat;
}
#route ul li{
    padding:3px 0px 0px 30px;
    background:url(icon1.gif) no-repeat 20px
7px;
}
#route ul li a:link, #route ul li a:visited{
    color:#004e8a;
    text-decoration:none;
}
#route ul li a:hover{
    color:#000000;
    text-decoration:underline;
}
```

13. 在 route 之后插入 map、right 的 DIV,并且设置其效果。

```
#right{
    float:left;
    margin:0px 0px 1px 2px;
    width:176px;
    background-color:#FFFFFF;
    color:#d8ecff;
}
#right div{
    position:relative;
    margin-left:5px;
    margin-right:5px;
    background-color:#5ea6eb;
}
#right div h3{
    font-size:12px;
    padding:4px 0px 2px 15px;
    color:#003973;
    margin:0px 0px 5px 0px;
    background:#bbddff url(icon2.gif)
no-repeat 5px 7px;
}
#map{
    margin-top:5px;
}
#map p{
    text-align:center;
    margin:0px;
    padding:2px 0px 5px 0px;
}
#map p img{
    border:1px solid #FFFFFF;
}
```

关于杭州旅游的制作过程如下:

1. 执行"文件＞新建"命令,新建一个空白页面,并保存为 C：\Documents and Settings\Administrator\桌面\网页设计期末作业\杭州。转换到代码视图中,在页面头部定义通配符的 CSS 样式,再定义 body 标签的 CSS 样式。

```
* {
    margin: 0px;
    padding: 0px;
    border: 0px;
}
body {
    font-family: 宋体;
    font-size: 12px;
    color: #FFFFFF;aaaa
    line-height: 20px;
    background-image: url(images/001.jpg)
;
    background-repeat: no-repeat;
}
```

2. 返回页面设计视图,可以看到页面的效果。在页面中插入一个名为 box 的 DIV,转换到代码视图中,定义 #box 的 CSS 样式。

```
#box {
    width: 100%;
    height: 1013px;
,
```

3. 将名为 box 的 DIV 中多余的文字删除,在该 DIV 中插入一个名为 title 的 DIV,转换到代码视图中,定义 #title 的 CSS 样式。返回设计页面,将该 DIV 中多余的文字删除并输入相应的文字。

```
#title {
    width: 820px;
    height: 60px;
    margin: 90px auto 0px auto;
    font-family: 黑体;
    font-size: 36px;
    font-weight: bold;
    line-height: 60px;
    color: #333333;
    text-align: center;
    text-shadow:1px 1px 1px #555;
```

4. 在名为 title 的 DIV 之后插入一个名为 main 的 DIV,转换到代码视图中,定义 #main 的 CSS 样式,返回设计页面。

```
#main {
    width: 860px;
    height: 700px;
    margin: 0px auto;
}
```

5. 将名为 main 的 DIV 中多余的文字删除,在该 DIV 中分别插入 PIC1、PIC2、PIC3 和 PIC4 的 DIV,转换到代码视图中,定义为♯PIC1、♯PIC2、♯PIC3、♯PIC4 的 CSS 样式。返回设计页面,分别在各 DIV 中插入相应的图像。

```
#pic1,#pic2,#pic3,#pic4 {
    width: 375px;
    height: 250px;
    background-color: #FFFFFF;
    padding: 5px;
    float: left;
    margin-left: 20px;
    margin-top: 20px;
    overflow:hidden;
}
```

6. 光标移至名为 PIC2 的 DIV 中的图像后,插入一个无指定 ID 的 DIV,转换到代码视图中,定义名为“.picbg”的类 CSS 样式和 h1 标签样式,为刚插入的 DIV 应用“.picbg”的类 CSS 样式,在该 DIV 中输入相应的文字,并为相应的文字应用 h1 标签。

```
.picbg{
    width:375px;
    height:250px;
    background:#000;
    color:#fff;
    text-align:center;
}
h1 {
    font-family: 黑体;
    font-size: 18px;
    line-height: 48px;
    margin-top: 30px;
}
```

7. 用相同的方法,分别为 PIC3 和 PIC4 的 DIV 添加相应的内容。

```
<body>
<div id="box">
  <div id="title">欢迎欣赏杭州四大美景</div>
  <div id="main">
    <div><a href="2-1.html">西湖断桥</a></
div>
```

8. 转换到代码视图,定义名为 ♯PIC1 img 和 ♯PIC 1img：hover 的 CSS 样式,保存页面。在 Chrome 浏览器中预览页面,当鼠标移至第一张图像上时,图像会出现慢慢变为半透明的动画效果。

```
#pic1 img {
    opacity: 1;
    -webkit-transition: opacity;
    -webkit-transition-timing-function:
ease-out;
    -webkit-transition-duration: 500ms;
}
#pic1 img:hover{
    opacity: .5;
    -webkit-transition: opacity;
    -webkit-transition-timing-function:
ease-out;
    -webkit-transition-duration: 500ms;
}
```

9. 转换到代码视图,定义名为 ♯PIC2、♯PIC img、♯PIC2.PICbg 和 ♯PIC2. PICbg：hover 的 CSS 样式,保存页面。在 Chrome 浏览器中浏览页面,当鼠标移至第二张图像上时,会出现半透明黑色慢慢覆盖在图像上的动画效果。

```
#pic2{
    position:relative;
}
#pic2 img{
    opacity:1;
    -webkit-transition: opacity;
    -webkit-transition-timing-function:
ease-out;
    -webkit-transition-duration: 500ms;
}
```

```
#pic2 .picbg{
    position:absolute;
    top:5px;
    left:5px;
    opacity: 0;
    -webkit-transition: opacity;
    -webkit-transition-timing-function:
ease-out;
    -webkit-transition-duration: 500ms;
}
#pic2 .picbg:hover{
    opacity: .9;
    -webkit-transition: opacity;
    -webkit-transition-timing-function:
```

10. 转换到代码视图,定义名为♯PIC3、♯PIC img、♯PIC3.PICbg 和♯PIC: hover.picbg 的 CSS 样式,保存页面。在 Chroma 浏览器中预览页面,当鼠标移至第三张图像上时,会出现半透明黑色由小到大覆盖图像的动画效果。

```
#pic3{
    position:relative;
}
#pic3 img{
    position:absolute;
    top: 5px;
    left: 5px;
    z-index:0;
}
#pic3 .picbg{
    opacity: .9;
    position:absolute;
    top:100;
    left:150;
    z-index:999;
    -webkit-transform: scale(0);
    -webkit-transition-timing-function:
ease-out;
    -webkit-transition-duration: 250ms;
}
#pic3:hover .picbg{
    -webkit-transform: scale(1);
    -webkit-transition-timing-function:
ease-out;
    -webkit-transition-duration: 250ms;
}
```

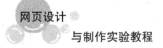

11. 转换到代码视图,定义名为♯PIC4、♯PIC4. picbg 和♯pic4：hover. picbg 的 CSS 样式,保存页面。在 Chrome 浏览器中浏览页面,当鼠标移至第四张图像上时,会出现半透明黑色从左至右移动覆盖图像的动画效果。

```css
#pic4{
    position:relative;
}
#pic4 .picbg{
    opacity: .9;
    position:absolute;
    top:5px;
    left:5px;
    margin-left:-380px;
    -webkit-transition: margin-left;
    -webkit-transition-timing-function:
ease-in;
    -webkit-transition-duration: 250ms;
}
#pic4:hover .picbg{
    margin-left: 0px;
}
```

12. 最后的效果图如图 7-1 所示。

图 7-1　首页效果

其他分页面的制作步骤如下：

1. 执行"文件＞新建"命令，新建一个空白页面，并保存为 C：\Documents and Settings\Administrator\桌面\网页设计期末作业\杭州。插入一个名为 box 的 DIV。

```
#box{
    width: 1005px;
    height: 726px;
    background-image: url(images/111.jpg);
    background-repeat: no-repeat;
}
```

2. 再插入一个名为 left 的 DIV，并输入相应的文字。

```
<div id="left">
 <div id="left-nr1"><span class="font_01">杭
州西湖断桥</span><br />
        <p>杭州西湖断桥位于杭州市西湖白堤的东端，
背靠宝石山，面向杭州城，是外湖和北里湖的分水点。
作为西湖十景之一，断桥在西湖古今诸多大小桥梁中
名气最大。如今的断桥，于1941年改建，二十世纪五十
年代又经修饰。桥东有"云水光中""断桥残雪"碑亭。
伫立桥头，放眼四望，远山近水，尽收眼底，是欣赏
西湖雪景之佳地。
伫立雪霁西湖，举目四望，但见断桥残雪似银，冻湖
如墨，黑白分明，格外动人心魄。传说白娘子与许仙
断桥相会，更为断桥景物增添了浪漫色彩。断桥位于
外湖和北里湖间，视野开阔，是冬天观赏西湖雪景最
佳处所。每当瑞雪初晴，站在宝石山上眺望，桥的阳
面已冰消雪化，湖波荡漾，所以向南面望去"雪残桥断
"，而桥的阴面却还是白雪皑皑，故从北面望去，"断
桥不断"，这个和实际不相符合，只是猜想其名由来，
众说纷纭。唐朝时人张祜《题杭州孤山寺》诗中就有
"断桥"一词。一说起自平湖秋月的白堤至此而断，
孤山之路至此而断，故名。也有人说宋代称保佑桥，
当冬日雪霁，古石桥上桥阳面冰雪消融，桥阴面依仍
玉砌银铺，从葛岭远眺，桥与堤似断非断，南宋王朝
偏安一隅，多情的画家取残山剩水之意，于是拟出了
桥名和景名，得名"断桥残雪"。又说元代因桥畔住着
一对以酿酒为生的段姓夫妇，故又称为段家桥，简称段
桥（谐音为断桥）。
```

3. 插入名为 left-top 的 DIV,并设置其 CSS 样式。

```
#left-top{
    width: 540px;
    height: 137px;
    background-repeat: no-repeat;
}
```

4. 插入名为 left-menu 和 left-menu img 的 DIV,并设置其 CSS 样式。

```
#left-menu{
    width:540px;
    height:61px;
}
#left-menu img{
    margin:8px 0px 0px 10px;
}
```

5. 插入 left-nr1 和 left-nr2 的 DIV,并设置其 CSS 样式。

```
#left-nr1{
    width:540px;
    height:220px;
    line-height:20px;
}
#left-nr2{
    width:540px;
    height:90px;
    line-height:20px;
}
```

6. 插入名为 left-bottom 和 left-bottom img 的 DIV 并设置其 CSS 样式。

```
#left-bottom{
    width: 520px;
    height: 173px;
    background-image: url(images/013.jpg);
    background-repeat: no-repeat;
    padding-left: 20px;
}

#left-bottom img{
    width:75px;
    height:75px;
    float:left;
    border:#80a8a7 solid 3px;
    margin:37px 0px 0px 5px;
}
```

7. 插入 bottom 和 bottom span 的 DIV,并设置其 CSS 样式。

```
#bottom{
    width:1005px;
    height:20px;
    text-align:center;
    padding-top:15px;
}
#bottom span{
    margin:0px 5px 0px 5px;
}
```

8. 最后的效果如图 7－2 所示。

图 7－2　分页效果(1)

9. 其余的网页制作过程同上,效果如图所示。

图 7－3　分页效果(2)

图 7-4 分页效果(3)

图 7-5 分页效果(4)